高等教育艺术设计精编教材

办公空间设计

（第2版）

李梦玲　邱　裕　编　著

清华大学出版社

北　京

内容简介

本书介绍了办公空间设计的概念及分类，阐述了办公空间设计中的人体工程学、照明、色彩、空间界面等设计元素的设计方法与要点，提出了办公空间的功能分区及配置要求，并通过办公空间设计流程结合工程实例的详细论述使学生掌握设计过程中的方法和技巧。同时，本书详尽地介绍了办公空间常用的装饰材料、施工工艺和装饰预算，避免了同类教材在设计与施工的内容上相脱节的现象，全书把设计、施工和预算三者有机地结合在一起，使学生能真正掌握办公空间装饰工程的全过程，从而独立完成设计项目。

本书在编写过程中注重理论联系实际，文字通俗简明，并附有大量实物图片作为参考，既可作为本科院校、高职高专、成人高等院校等设计相关专业学生的学习用书，也可作为社会相关领域的专业设计人员和业余爱好者的参考读物。

图书在版编目（CIP）数据

办公空间设计/李梦玲，邱裕编著. —2版. —北京：清华大学出版社，2020.1 (2024.1重印)
高等教育艺术设计精编教材
ISBN 978-7-302-53718-2

Ⅰ. ①办… Ⅱ. ①李… ②邱… Ⅲ. ①办公室—室内装饰设计—高等学校—教材 Ⅳ. ①TU243

中国版本图书馆 CIP 数据核字(2019)第 187881 号

责任编辑：张龙卿
封面设计：别志刚
责任校对：刘　静
责任印制：丛怀宇

出版发行：清华大学出版社
网　　址：https://www.tup.com.cn，https://www.wqxuetang.com
地　　址：北京清华大学学研大厦 A 座　　**邮　　编**：100084
社 总 机：010-83470000　　**邮　　购**：010-62786544
投稿与读者服务：010-62776969，c-service@tup.tsinghua.edu.cn
质量反馈：010-62772015，zhiliang@tup.tsinghua.edu.cn
课件下载：https://www.tup.com.cn，010-83470410
印 装 者：北京博海升彩色印刷有限公司
经　　销：全国新华书店
开　　本：210mm×285mm　　**印　　张**：8.75　　**字　　数**：228 千字
版　　次：2011 年 4 月第 1 版　2020 年 1 月第 2 版　　**印　　次**：2024 年 1 月第 7 次印刷
定　　价：65.00 元

产品编号：084177-01

前　言

随着全球市场经济和科技的发展，人们对空间环境的认知和要求发生了根本的变化。当今激烈的社会竞争让人们将更多的时间放在工作上，办公空间也成为现代人工作的中心。面对工作压力的不断增加，人们对工作环境的要求也随之提高。现代办公空间不仅要具备基本的使用功能，同时要满足人们的生理、心理以及情感的需求。良好且舒适的工作环境可以提高人们的工作效率，从而为企业带来更大的效益，为社会创造更多的财富。因此，办公空间的设计者应该有责任和义务为人们创造一个人性化、生态化、个性化的办公环境。

在我国，现代式的办公空间模式是由外资公司在20世纪70年代末引入的。四十多年来，一批建筑师和设计师在智能建筑、办公模式、办公家具等方面的探讨和研究上取得了很大的成就，一些优秀的设计实例展现在人们眼前。但还有很多不尽如人意的方面，比如大多数的办公场所，置身于其中工作的人感受到的更多的是格局落后、陈设单调乏味、舒适度差、无特色，因此，加强对办公空间的理论研究、参与到工程实践中、培养优秀的办公空间设计人才，是我们教育工作者的工作重点之一，也是改善目前办公空间现状的一个行之有效的方法。

编者这些年接触了不少办公空间的设计项目，明显感受到办公场所的发展和变化。通过本书，可以把多年从事办公空间设计实践和教学的体会以及研究成果展示出来，以便为设计专业的学生和社会相关领域的专业设计人员提供一本较为系统的教学用书，也期望能对后续此类教材的出版起到抛砖引玉的作用。

本书的编写遵循工学结合的特点，通过以工作过程为导向的开发思路，系统建构学生的专业能力、职业能力和可持续发展能力。同时本书的编写将学生创新能力的培养作为主线贯彻始终，在内容上体现新理念、新材料、新技术，及时反映当下行业的最新资讯，特别是项目载体的选择与职业世界的生产过程有直接的关系，并具有教学价值和可操作性。

第2版在第1版的基础上增减了内容，增加了最前沿的设计案例，教材内容变得更新颖、更翔实、更明了。

在本书的编写过程中，得到了多家实力雄厚的室内装饰企业的鼎力相助，从而使本书更好地与行业对接。由于编者水平有限，书中难免有疏漏和不当之处，故衷心期望同仁和广大读者不吝赐教。

编　者

2019年5月

目　录

办公空间设计（第2版）

办公空间设计（第2版）

办公空间设计（第2版）

第 1 章 办公空间设计概论

随着我国社会经济和科技的快速发展及城市化进程的加快，各种不同类型的多功能办公楼如雨后春笋般出现（图 1-1 和图 1-2）。无论它是多层还是高层，也无论它采用哪一种结构体系，其共同的特点是在同一幢办公楼内能容纳不同行业、不同功能要求的办公室。随着 IT 技术的兴起、移动通信及办公自动化技术的发展，人们对现代办公环境的质量提出了更高的要求，工作环境的舒适与否也变得越来越重要。

图1-1　我国香港汇丰银行大厦

图1-2　我国香港中银大厦体现了功能与美学的完美结合

1.1　办公空间的功能

办公空间是指为人们办公需求提供的工作场所，其首要任务是使工作达到最高效率，其次是塑造和宣传企业形象。在办公空间进行的工作包括写字、读书、交谈和思考，对计算机及其他办公设备的操作等。现代企业更加重视办公场所的设计，这既有因市场激烈竞争带来的刺激因素，又有创立品牌、开拓市场的需求，甚至还能成为增加产业价值的一种市场手段。因此，一个优秀的办公空间设计应该满足其使用功能和艺术功能的双重需求，这种功能性可用图 1-3 来表示。

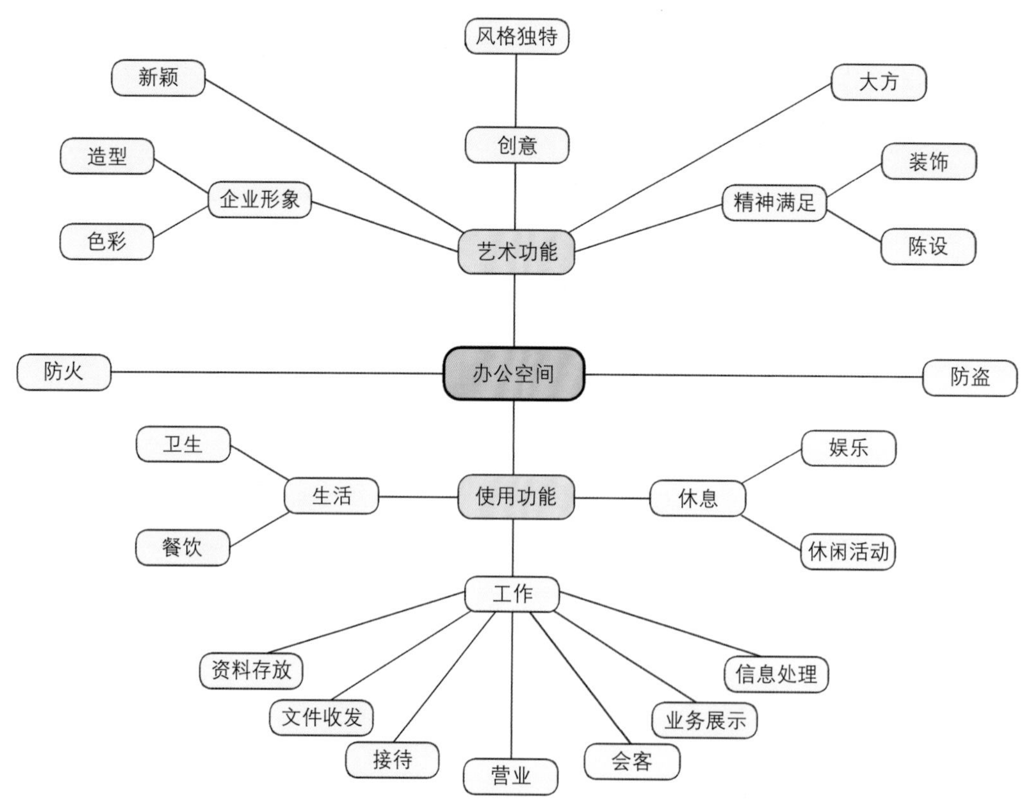

图1-3　办公空间功能分析图

1.2　办公空间的分类

办公空间不仅是指办公室之类的孤立空间，它还包括供机关、商业、企事业单位等办理行政事务和从事业务活动的办公环境系统，因此，办公空间设计包含的内容十分丰富，设计中所需要考虑的因素也较为复杂。为了更好地把握设计中的规律，首先需要对办公空间进行简单的分类。

1.2.1　以办公空间的业务性质分类

从办公空间的业务性质来看，目前有以下四类。

1. 行政办公空间

行政办公空间是指党政机关、人民团体、事业单位、工矿企业的办公空间，其特点是部门多，分工具体；工作性质主要是进行行政管理和政策指导；单位形象的特点是严肃、认真、稳重。设计风格多以朴实、大方和实用为主，具有一定的时代感。

2. 商业办公空间

商业办公空间是指商业和服务业单位的办公空间，其装饰风格往往带有行业窗口性质，以与企业形象统一的风格设计作为办公空间的形象。因为商业经营要给顾客信心，所以其办公室风格都较讲究和注重形象的塑造。

3. 专业性办公室

专业性办公室是指各专业单位所使用的办公空间，其属性可能是行政单位或商家企业。这类办公空间具有较强的专业性，如设计机构、科研部门及商业、贸易、金融、信托投资、保险等行业的办公空间。

如果是设计师办公室，其装饰格调、家具布置与设施配置都应有时代感和新意，要能给顾客信心，并充分体现自己的专业特点。如果是设计院、电信部门、税务部门等的办公空间，则各有各的专业特点和业务性质。此类专业性办公空间的装饰风格特点应在实现专业功能的同时，体现自己特有的专业形象。

4. 综合性办公空间

综合性办公空间是以办公空间为主，同时包含服务业、旅游业、工商业等。其办公空间的设计与其他办公空间相同。

随着社会的发展和各行业分工的进一步细化，各种新概念的办公空间还会不断出现。

1.2.2　以办公空间的布局形式分类

以办公空间的布局形式分类，主要有以下几类。

1. 单间式办公空间

单间式办公空间是以部门或工作性质为单位，分别安排在不同大小和形状的房间之中。政府机构的办公空间多为单间式布局。

单间式办公空间的优点是各个空间独立，相互干扰较小，灯光、空调等系统可独立控制，在某些情况下（如人员出差、作息时间差异等）可节约能源。单间式办公空间还可根据需要使用不同的间隔材料，主要分为全封闭式、透明式（图 1-4）或半透明式。全封闭式的单间式办公空间具有较高的保密性；透明式的单间式办公空间则除了采光较好外，还便于领导和各部门之间相互监督及协作（图 1-5），透明式办公空间的间隔可通过加窗帘等方式改为封闭式。

图1-4　采用透明玻璃隔出的单间式办公空间

图1-5　透明隔墙便于领导加强管理

单间式办公空间的缺点是在工作人员较多和分隔较多的时候，会占用较大的空间，且需现场装修，不易拆卸和搬运。

2. 公寓型办公空间

以公寓型办公空间为主体组合的办公楼，也称为办公公寓楼或商住楼。公寓型办公空间的主要特点是，除了可以办公外，还具有类似住宅的盥洗、就寝、用餐等功能（图 1-6 和图 1-7）。公寓型办公空间提供白天办公和用餐、晚上住宿和就寝的双重功能，给需要为办公人员提供居住功能的单位或企业带来了方便。

3. 敞开式办公空间

敞开式办公空间是将若干个部门置于一个大空间中，而每个工作台通常又用矮挡板分隔，便于工作人员联系却又可以相互监督（图 1-8 和图 1-9）。这种办公空间由于工作台集中，省去了不少隔墙和通道的位置，节省了空间；同时装修、照明、空调、信息线路等设施容易安装，费用不高。敞开式办公空间常选用组合式家具，这类家具由工厂大批量生产。各种辅助用具（如文件架、烟灰缸、插信架等）也可一同生产。现场安装过程中各种连接线路（如供电线路、联网布线）暗藏于家具或隔板中。敞开式办公空间家具的使用、安装和拆搬都较为方便，且随着生产效率的提高和批量化生产的快速发展，这类家具必然会越来越规范化，也一定会更加便宜。

图1-6　公寓型办公空间的办公条件很完善

图1-7　餐厅与会议室的上空用一走廊连接不同区域

图1-8　敞开式办公区空间通透且现代感强

图1-9　敞开式办公区的工作台用挡板分隔减少了工作人员的相互干扰

敞开式办公空间的缺点是部门之间干扰大，风格变化小，且只有部门人员同时办公时，空调和照明才能充分发挥作用，否则耗费较大（图 1-10）。在敞开式办公空间中，常采用不透明或半透明轻质隔断材料隔出高层领导的办公室、接待室、会议室等，使其在保证一定私密性的同时，又与大空间保持联系。

4. 景观办公空间

现代的办公空间更注重人性化设计，倡导环保设计观，这就是所谓的景观办公空间模式。从 1960 年德国一家出版公司创建景观办公空间以来，这种办公空间形式在国外非常受推崇（图 1-11 ～图 1-14）。如今，高层办公楼的不断涌现，对大空间景观办公空间的发展起到了很大的推动作用。特别是在全空调、大进深的办公楼里，为减小环境对人们心理和生理上造成的不良影响，减轻视觉疲劳，造就一个生机盎然、心情舒畅的工作环境尤为重要。景观办公空间的特点是：在空间布局上创造出一种非理性的、自然而然的，具有宽容、自在心态的空间形式，即人性化的空间环境。这种布局方式通常采用不规则的桌子摆放方式，室内色彩以和谐、淡雅为主，并用盆栽植物、高度较矮的屏风或橱柜等进行空间分隔。生态意识应贯穿景观办公空间设计的始终，无论是办公空间外观的设计、内部空间的设计还是整体设计，都应注重人与自然的完美结合，力求在办公空间区域内营造出类似户外的生态环境，使办公人员享受到充足的阳光，呼吸到新鲜的空气，观赏到迷人的景色。在自然、环保的空间中办公，每个人都能以愉悦的心情、旺盛的精力投入到工作中。

图1-10　敞开式办公区的空间布局

图1-11　办公空间的自然生态一角

图1-12　绿化景观使办公空间更富有艺术气息

图1-13 富有生机的办公环境

图1-14 良好的办公环境能提高工作效率

一些写字楼里的办公空间因为条件的限制，不能充分接触到大自然与阳光，此时创建绿色生态办公环境、引入绿色植物更加重要（图 1-15）。利用绿色植物并结合园林设计的手法，组织、完善、美化室内空间，使人与环境变得和谐协调，不失为一种时尚的设计风格。植物拥有自然的曲线、丰富的色彩、柔和的质感以及飘逸的神韵，这些因素柔化了室内造型的生硬感，更赋予了空间蓬勃的生机和活力。办公人员在生机盎然的绿色环境中不再有压抑感，大大减轻了工作疲劳，激发了乐观向上的工作积极性，办事效率得到很大提高（图 1-16）。

图1-15 某办公空间的盆景绿化

图1-16 某办公楼的屋顶庭院花园

1.3 办公空间的总体设计要求与设计要点

1.3.1 办公空间的总体设计要求

办公空间的总体设计要求如下。

（1）室内办公、公共、服务及附属设施等各类用房之间的面积分配比例、房间的大小及数量，均应根据办公楼的使用性质、建设规模和相应标准来确定。

（2）办公空间往往是单位或企业形象的体现之一，不同的单位具有不同的工作特点，要对企业类型和企业文化深入了解，只有这样才能设计出反映该企业风格与特征的办公空间，使设计具有个性与生命力。

（3）充分了解企业各部门的设置及其相互功能之间的联系，这对办公空间的平面布局和区域划分以及人流线路的组织至关重要。

（4）整体设计在“以人为本”的理念下，一切有关的素材、技术都要考虑到人的因素，在规划灯光、空调和选择办公家具时，应充分考虑其实用性和舒适性，并结合人文、科学、艺术的因素，营造一个美观、舒适、和谐的空间。

（5）办公空间是工作场所，人在其中主要是工作，装修特色应以大方、实用和简洁为主。豪华、复杂的造型、斑斓的色彩、动感的线条都会影响员工工作。

（6）在办公空间设计中引入生态环保意识，力求人与自然能完美融合。在空间区域内营造出绿色的生态环境是办公空间设计的发展趋势。

（7）办公空间的设计要注意防火、防盗与其他安全因素。安全出口和消防通道的设置要符合国家防火规范的规定；装修用材、电器布线要按消防标准施工；防盗设施要安全可靠，并应采用电子防盗技术等措施；装修方面的安全性也要考虑。

1.3.2 办公空间的设计要点

办公空间的设计要点如下。

（1）办公空间的平面布置应考虑家具、设备尺寸，以及办公人员使用家具、设备时必要的活动空间尺度。还要考虑各工作单位依据使用功能要求的排列组合方式，以及房间出入口至工作位置、各工作位置相互间联系的室内交通过道的设计安排等。

（2）在办公空间内，平面工作位置的设置可按功能需要进行整间统一安排，也可按组分区布置（通常 5～7 人为一组或根据实际需要安排），各工作位置之间、组的内部及组内成员之间既要联系方便，又要尽可能使成员间保持一定的距离，以便减少人员走动时对他人工作的干扰。

（3）根据办公楼等级标准的高低，办公室内人员常用的面积定额为 3.5～6.5m^2/ 人，依据上述定额可以在已有办公空间内确定工作位置的数量（不包括过道面积）。

（4）从室内每人所需的空气容积及办公人员在室内的空间感受角度考虑，办公空间的净高一般不低于 2.6m，设置空调时不应低于 2.4m。

（5）从节能和有利于心理感受角度考虑，办公空间应具有天然采光，采光系数中窗、地面积比应不小于 1∶6（侧窗洞口面积与室内地面面积比）。

思考题

1. 办公空间以布局形式分类有哪几类？
2. 景观办公空间模式的特点是什么？
3. 办公空间的未来发展趋势体现在哪些方面？

第 2 章 办公空间的人体工程学

在办公空间设计中，“人性化”“高效率”是衡量办公环境质量的两大指标，要体现出为人而设计，就要创造一个科学的、合理的办公空间，人体工程学的研究则为设计师的构想提供了思路和依据。

2.1 人体工程学的定义与作用

人体工程学是第二次世界大战以后发展起来的一门新学科，在美国被称为 Human Engineering；英国等欧洲国家一般使用 Ergonomics；日本和俄罗斯都沿用欧洲国家使用的名称。在我国，人体工程学的相关名称比较多，分别从各自的专业领域来命名，有“人体工程学”“人机工程学”“人类工程学”“人因工程学”“人机环境工程学”“人类工效学”等。在建筑设计、室内设计和景观设计领域普遍使用“人体工程学”来命名这一学科。

国际人体工程学协会（International Ergonomics Association，IEA）的会章中把人体工程学定义为：“人体工程学是研究人在工作环境中的解剖学、生理学、心理学等诸方面的因素，研究系统中各组成部分的交互作用（效率、健康、安全、舒适等），研究在工作和家庭生活中、在休假的环境里，如何实现人—机—环境最优化的问题的学科。”

概括地说，人体工程学是研究人及与人相关的物体（家具、机械、工具等）、系统及环境，使其符合人体的生理、心理及解剖学特性，从而改善工作与休闲环境，提高舒适性和效率的边缘学科。

总而言之，通过人体工程学的研究，贯彻以人为本的设计，使物与人、物与环境、人与环境相互协调，以求得工作与生活的舒适、简便、安全、高效。

从办公空间设计的角度来说，人体工程学的主要作用在于通过对人生理和心理的正确认识，使办公环境因素适应人工作活动的需要，从而达到提高室内环境质量和工作效率的目的。

人体工程学在办公空间设计中的主要作用如下。

1. 为确定人在室内活动中所需空间提供主要依据

影响空间大小、形状的因素很多，但最主要的因素还是人的活动范围以及家具设备的数量和尺寸。因此，在确定空间范围时，必须先清楚不同性别成年人在立、坐、卧时的人体平均尺寸，还有人在使用各种家具、设备和从事各种活动时所需空间的体积和高度，这样一旦确定了空间内的总人数，就能确定出空间的合理面积与高度。另外，人在使用办公家具时，其周围必须留有活动和使用的最小空间，这些要求都由人体工程学科学地予以解决。

2. 为办公家具的设计提供依据

办公家具是为人工作使用的，所以家具设计中的尺度、造型、色彩及其布置方式都必须符合人体生理、心理尺度及人体各部分的活动规律，以达到安全、实用、方便、舒适、美观的目的。例如座椅设计，其高度应参照人体小腿加足高，座椅的宽度要满足人体臀部的宽度，座椅深度则要参考人体坐深尺

寸，因此通过了解人体结构，可获得合理的座椅造型设计。

3. 提供适应人体的室内物理环境的最佳参数

室内物理环境主要有室内热环境、声环境、光环境、视觉环境、辐射环境等，人体工程学可以为确定感觉器官的适应能力提供依据。人的感觉器官在什么情况下能够感觉到刺激物，什么样的刺激物是可以接受的，什么样的刺激物是不能接受的，进而为室内物理环境设计提供科学的参数，从而创造出舒适的室内物理环境。

4. 研究人的心理行为并用于指导设计

办公空间的环境仅仅只能满足人们工作的基本生理需求是远远不够的，要营造舒适、高效的办公环境，研究人在工作过程中的心理需求和行为特征也是非常重要的。这个研究结果可作为空间划分和装饰表现的依据之一。

2.2　人体尺寸及其应用

办公空间设计中最基本的问题就是尺度，为进一步合理地确定空间的大小尺度、办公者的作业空间和活动范围等，就必须对人体尺寸、运动轨迹等参数有所了解和掌握。

人体尺寸分为人体静态尺寸和人体动态尺寸。

2.2.1　人体静态尺寸

人体静态尺寸是人体工程学研究中最基本的数据之一，它是人体处于固定的标准状态下测量的。人的静态姿势可分为立姿、坐姿、卧姿和跪姿四种基本形态。人体的静态尺寸与人体关系密切的物体有较大关系，如服装、手动工具等。在设计中应用最多的人体结构尺寸有：身高、眼高、臀宽、肩宽、手臂长度、坐高、坐深等。

我国于 1989 年 7 月开始实施《中国成年人人体尺寸标准》(GB/T 10000—1988)（以下简称《标准》），它为我国人体工程学设计提供了基础数据。表 2-1 ～表 2-4 为《标准》中的人体主要测量项目及尺寸摘录，可供设计时查阅。

需要说明的是：①表中的数据均为裸体测得，用于设计时，应因时因地地考虑人的着衣量而适当放大。②表中数据均为标准立姿和标准坐姿时测得，用于人处于其他立姿和坐姿时，需适当调整。③中国的地域辽阔，这些数据用于某一具体地区的设计时，应考虑人体尺寸的地区差异。我国中等身材成年男女人体各部分平均尺寸如图 2-1 和图 2-2 所示。

表 2-1　我国成年人人体主要尺寸

性别 测量项目	男（18 ～ 60 岁）			女（18 ～ 55 岁）		
身高 /mm	1583	1678	1775	1484	1570	1659
体重 /kg	48	59	75	42	52	66
上臂长 /mm	289	313	338	262	284	308
前臂长 /mm	216	237	258	193	213	234
大腿长 /mm	428	465	505	402	438	476
小腿长 /mm	338	369	403	313	344	376

表 2-2　我国成年人立姿人体尺寸　单位：mm

性别 测量项目	男（18 ~ 60 岁）			女（18 ~ 55 岁）		
眼高	1474	1568	1664	1371	1454	1541
肩高	1281	1367	1455	1195	1271	1350
肘高	954	1024	1096	899	960	1023
手掌高	680	741	801	650	704	757
尾骨高	728	790	856	673	732	792
胫骨点高	409	444	481	377	410	444

表 2-3　我国成年人坐姿人体尺寸　单位：mm

性别 测量项目	男（18 ~ 60 岁）			女（18 ~ 55 岁）		
坐高	858	908	958	809	855	901
坐姿颈椎点高	615	657	701	579	617	657
坐姿眼高	749	798	847	695	739	783
坐姿肩高	557	598	641	518	556	594
坐姿肘高	228	263	298	215	251	284
坐姿大腿厚	112	130	151	113	130	151
坐姿膝高	456	493	532	424	458	493
小腿加足高	383	413	448	342	382	405
坐深	421	457	494	401	433	469
臀膝距	515	554	595	495	529	570
坐姿下肢长	921	992	1063	851	912	975

表 2-4　我国成年人人体水平尺寸　单位：mm

性别 测量项目	男（18 ~ 60 岁）			女（18 ~ 55 岁）		
胸宽	253	280	315	233	260	299
胸厚	186	212	245	170	199	239
肩宽	344	375	403	320	351	377
最大肩宽	398	431	469	363	397	438
臀宽	282	306	334	290	317	346
坐姿臀宽	295	321	355	310	344	382
坐姿两肘间宽	371	422	489	348	404	478
胸围	791	867	970	745	825	949
腰围	650	735	895	659	772	950
臀围	805	875	970	824	900	1000

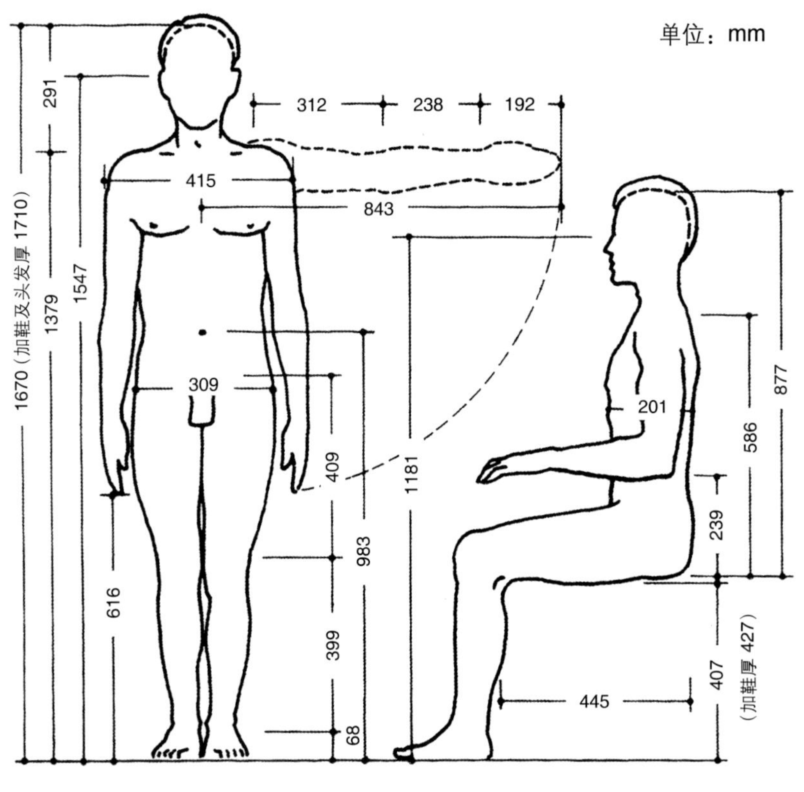

图2-1　成年男子人体各部分平均尺寸

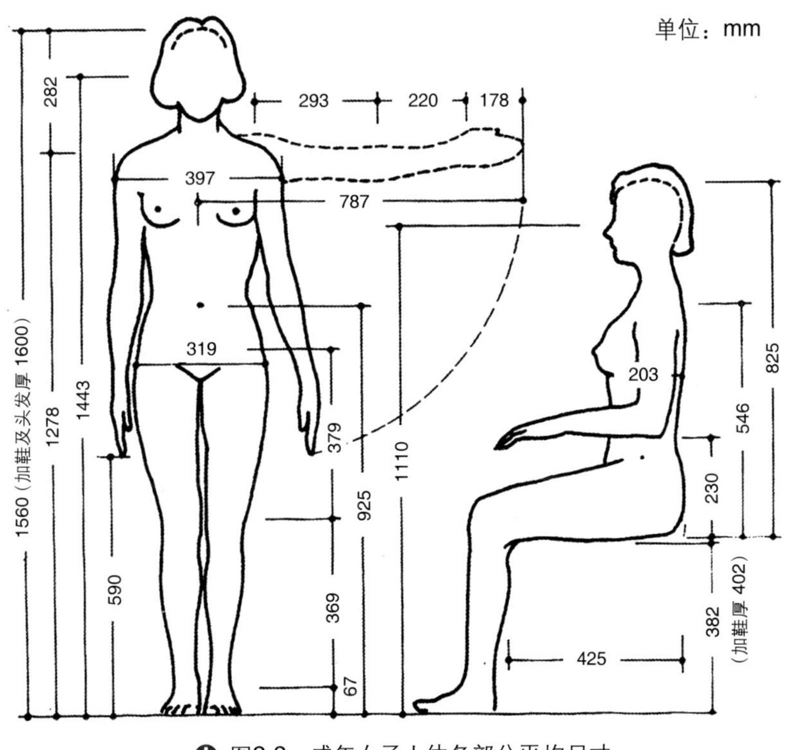

图2-2　成年女子人体各部分平均尺寸

2.2.2　人体动态尺寸

人体动态尺寸又称为人体功能尺寸，是人在进行某种功能活动时，肢体所能达到的空间范围，是被测者处于活动状态下所进行的人体尺寸测量，是确定室内空间尺度的主要依据之一。

动态人体尺寸分为四肢活动尺寸和身体移动尺寸两类。四肢活动尺寸是指人体只活动上肢或下肢，而身躯位置并没有变化。身体移动尺寸是指姿势改换、行走和作业时产生的尺寸。

对于大多数的设计问题，人体动态尺寸可能更具有广泛的用途，因为人总是在运动着。例如，在设计办公过道时，人所能通过的最小过道并不等于肩宽，因为人在向前运动中必须依赖肢体的运动。考虑当人通过过道时会摇摆 50 ~ 60mm，至少要离墙壁 50mm，所以一个人走路时过道宽可设计成约 700mm，两个人走路时过道宽约 1300mm。

对于另外一些尺寸又是以人处于不同姿态时手或足的活动范围为依据的，如资料柜的隔板高度和资料的存放区域划分就是以手的活动范围和动作的难易程度为依据而设计的；大衣柜挂衣杆的高度就要求以人站立时上肢能方便到达的高度为准。

国家标准《工作空间人体尺寸》(GB/T 13547—1992）提供了我国成年人立、坐、跪、卧、爬等常取姿势的动态尺寸数据，如表 2-5 所示。表中所列数据均为裸体测量结果，使用时应根据实际情况调整。

表 2-5　我国成年人人体水平尺寸　　单位：mm

测量项目＼性别	男（18 ~ 60 岁）			女（18 ~ 55 岁）		
立姿双手上高举	1971	2108	2245	1845	1968	2089
立姿双手功能上高举	1869	2003	2138	1741	1860	1976
立姿双手左右平展宽	1579	1691	1802	1457	1559	1659
立姿双臂功能平展宽	1374	1483	1593	1248	1344	1438
立姿双肘平展宽	816	875	936	756	811	869
坐姿前臂手前伸长	416	447	478	383	413	442
坐姿前臂手功能前伸长	310	343	376	277	306	333
坐姿上肢前伸长	777	834	892	721	764	818
坐姿上肢功能前伸长	673	730	789	607	657	707
坐姿双手上举高	1249	1339	1426	1173	1251	1328
跪姿体长	592	626	661	553	587	624
跪姿体高	1190	1260	1330	1137	1196	1258
俯卧体长	2000	2127	2257	1867	1982	2102
俯卧体高	364	372	383	359	369	384
爬姿体长	1247	1315	1384	1183	1239	1296
爬姿体高	761	798	836	694	738	783

2.2.3　常用人体尺寸在办公空间设计中的应用

常用人体尺寸包括静态尺寸和动态尺寸，在办公空间设计中最常用的尺寸如下。

1. 身高

身高的数据用于确定通道和门的最小高度，门的高度至少要在身高的基础上再加 10cm；楼梯间休息平台净高等于或大于 2100mm；楼梯跑道净高等于或大于 2300mm。

2. 眼高和坐姿眼高

眼高对于确定屏风和敞开式大办公室内隔断的高度非常重要。室内屏风式隔断系统在不同程度上起到了隔声和遮挡视线的作用，而且还划分了工作单元的范围和通行通道。可以把隔断设计成三种高度：第一种隔断是 1200mm 以下的低隔断，它可以保证坐姿时的私密性，但站立时可自隔断顶部看出去；第二种隔断是 1520mm 的隔断，它可以提供较高的视觉私密性，如果有的人个子高，站起来就可从隔断上方看出去；第三种隔断是约 2050mm 以上的隔断，它可以提供最高的私密性，但会产生压迫感。高的隔断在界定分区时作用很大，但最好能配合较低的隔断一起使用，尤其在视觉接触的区域更是如此。隔断的高度有时也具有象征意义——表示地位，资历越高的员工隔断越高，按此逐级排列下来。

3. 最大肩宽

肩宽数据可用于确定围绕桌子的座椅间距，也可用于确定公用和专用空间的通道间距。例如，一个人的肩膀宽约在 600mm 左右，所以要设计一条容纳两个人行走的过道的宽就是 1200mm，再考虑人走路时的摇摆距离，过道的理想宽度应该是 1300mm。如果这条过道仅能确保一人行进、一人侧避的情况下，就需要宽度为 900 ~ 1000mm（图 2-3 和图 2-4）。

4. 坐姿大腿厚

坐姿大腿厚是指从座椅表面到大腿与腹部交接处的大腿端部之间的垂直距离。这些数据是设计柜台、书桌、会议桌及其他一些家具的关键尺寸。这些办公家具都需要把腿放在工作面的下部，特别是有直拉式抽屉的工作面，要让大腿与大腿上方的障碍物之间有适当的间隙。

5. 垂直手握高度

垂直手握高度是指人站立，手握横杆，然后使横杆上升到不使人感到不舒服或拉得过紧的限度为止，此时从地面到横杆顶部的垂直距离。这些数据可用于确定开关、控制器、书架、衣帽架等的最大高度。需要注意的是，垂直手握高度的尺寸是不穿鞋测量的，使用时要适当加高。

6. 向前手握距离

向前手握距离是指人肩膀紧靠墙壁直立，手臂向前平伸，手掌伸直，食指尖与墙的水平距离。这些数据可用于确定在工作台上方安装隔板或在办公桌前面的低隔断上安装小柜的最远距离。

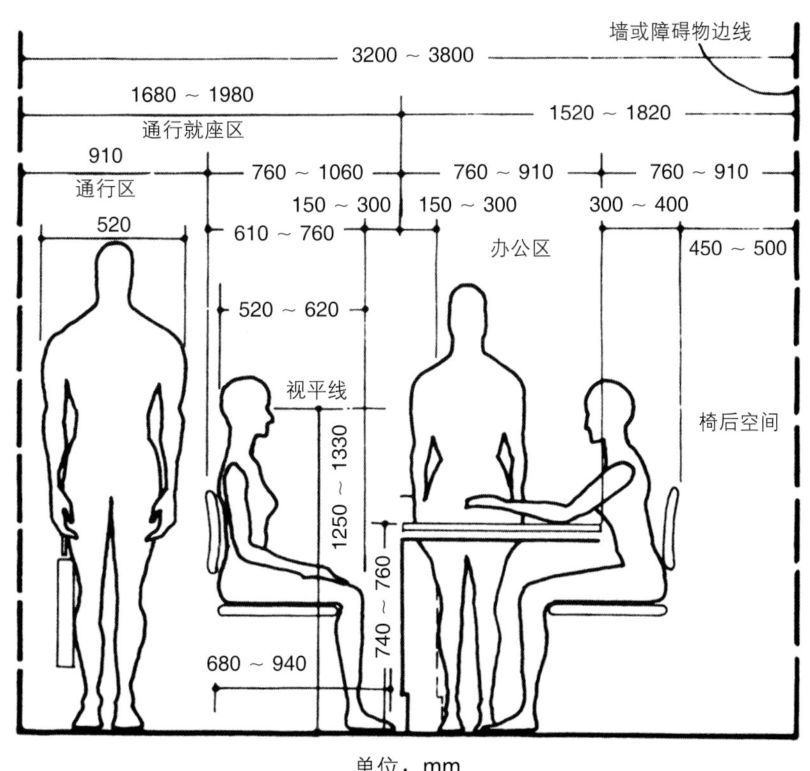

图2-3　个人通行空间尺度（1）

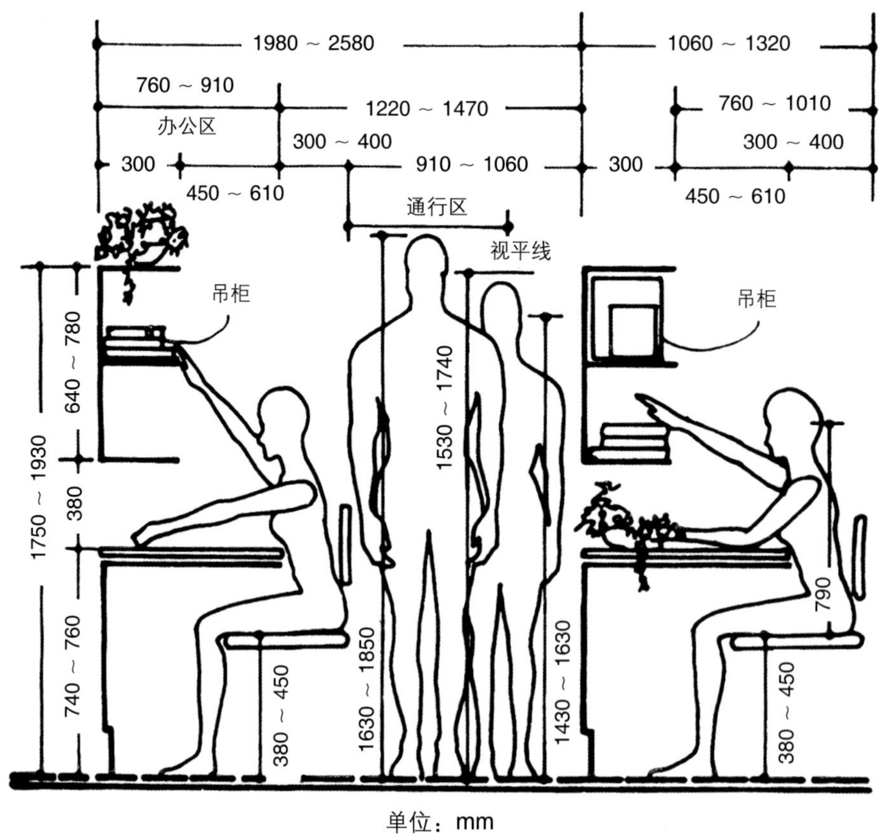

图2-4　个人通行空间尺度（2）

2.3　办公家具及其空间尺度的优化设计

办公家具设施为人所使用，因此它们的形体、尺度必须以人体尺寸为主要依据。同时，人们为了使用这些办公家具，其周围必须留有活动的最小空间余地，这些要求都须通过人体工程学予以科学地解决。

办公家具是办公空间设计的主体，与人的接触最为密切，它设计得好坏直接影响到工作人员的生理和心理健康、办公的质量和效率等，因此，注重办公家具及其空间尺度的优化设计尤为重要。

2.3.1　办公桌椅

办公桌椅是工作人员进行业务活动和处理事务的基本家具，办公桌的宽度、高度和深度决定了人的业务范围和身体姿势，办公椅的坐面高度、深度、曲面，靠背的倾斜角度等则决定了工作人员坐时的舒适度和办公效率（图 2-5）。

图2-5　办公椅

办公桌按使用者职务的高低分为员工桌和大班台。员工桌的单体常作为敞开式办公空间组合的基

本单元，它不仅可以为个人提供独立的工作区域，还能实现现代办公所要求人员组合上的灵活性。大班台的使用者一般为主管或经理，该类办公桌尺寸较大，外观显得豪华气派（图 2-6）。

图2-6　各种造型的大班台

2.3.2　办公空间的资料存储家具

办公空间的资料存储家具可以购买，也可以现场制作，无论采用哪一种方式，都要考虑满足合理的存储量和取放方便等方面的要求，并在此前提下尽量节省空间（图 2-7 和图 2-8）。资料柜、架、箱的尺寸应根据人体尺寸、推拉角度等人体工程学因素来考虑（图 2-9）。

图2-7　某设计公司的资料柜

图2-8　在办公桌上设计的书架

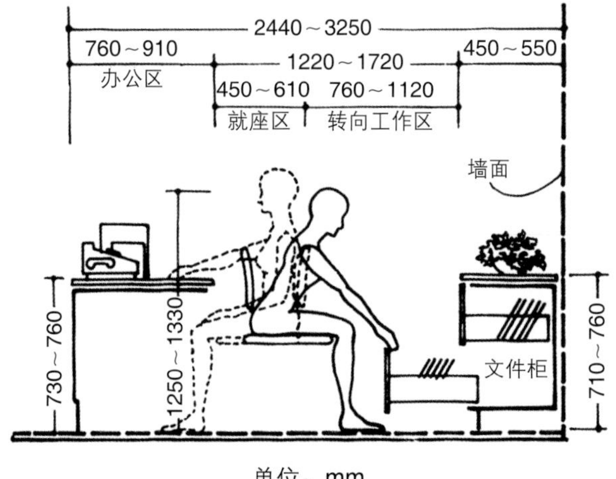

图2-9　办公单元设有文件柜的尺寸要求

2.3.3　办公会议家具

办公会议家具主要是指会议桌和会议椅。会议室的平面形状和大小决定了会议桌的造型，常见的会议桌造型有圆形、正方形、长方形、U 形、船形、跑道形、回字形等（图 2-10）。

图2-10　各种造型的会议桌

在会议室的平面布局中，还应该考虑会议桌及座位以外四周的流通空间。根据人体工程学原理，从会议桌边缘到墙面或其他障碍物之间的最小距离应为 1220mm，该尺寸是与会者进入座位就座和离开座位通行，包括其他人从座位后通过的必备流通空间，会议桌的座位人数应根据人的动态尺寸要求来计算，一般两个座位间至少应保持 250mm 的距离（图 2-11 ～图 2-13）。

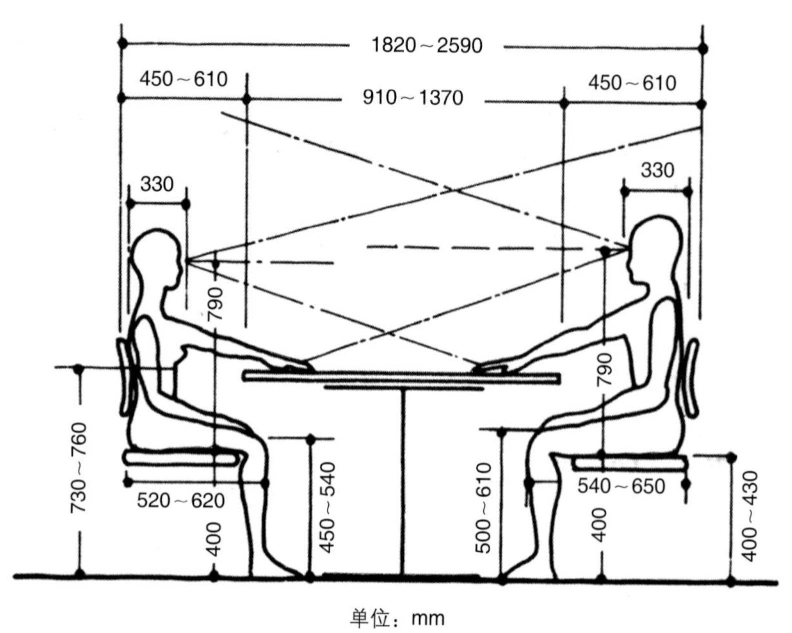

图2-11　人与会议桌的尺寸关系

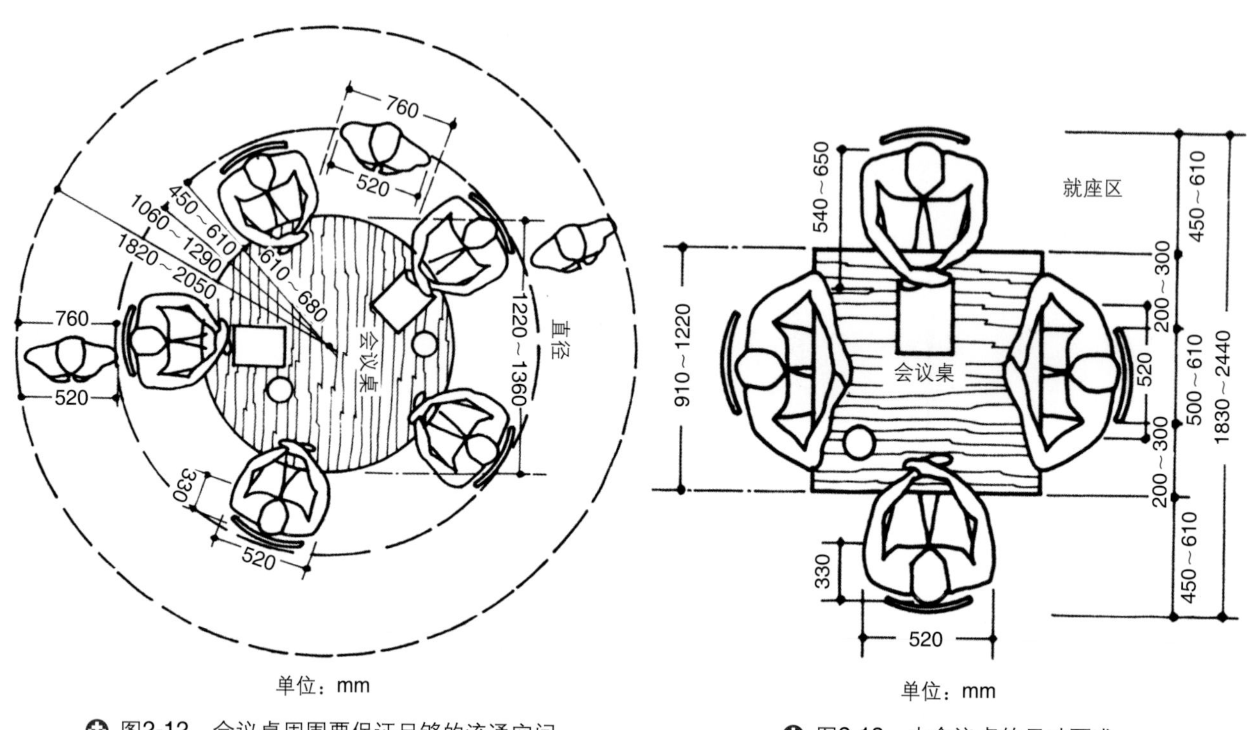

图2-12　会议桌周围要保证足够的流通空间

图2-13　小会议桌的尺寸要求

在大的敞开式办公区中，常常会安排 3 ～ 6 人座的小会议桌，供工作人员洽谈业务或讨论，这种会议桌形式也要预留外围的通行区（图 2-14）。

图2-14　敞开式办公区的小会议桌

2.3.4　办公工作单元

办公工作单元是相对独立的小空间，主要由办公座椅和屏风（隔断）组成，大的办公工作单元还配有资料柜和沙发等，这种办公组合形式便于员工在不受外界干扰的情况下工作、讨论和互相协作（图 2-15 ～图 2-19）。办公工作单元的组合形式主要受空间的大小、工作的性质以及单体办公桌造型的影响。现代办公家具多以购买成品为主，因此，办公家具的设计多体现在办公工作单元的组合方式上，其设计的优劣直接影响到空间的利用率、工作的协调性、员工的心理状态以至于企业形象。

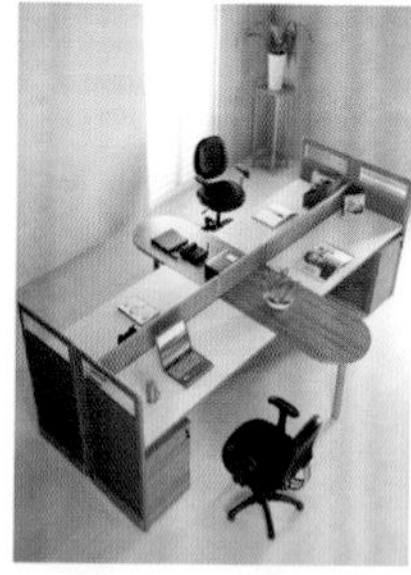

图2-15　办公桌组合形式

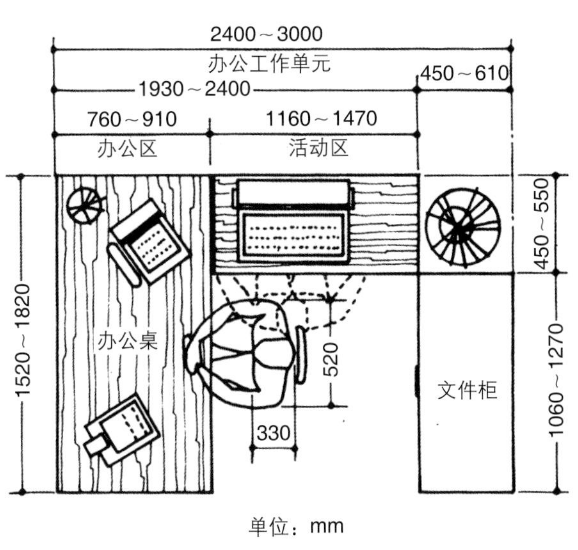

单位：mm

图2-16　现代办公空间基本工作单元

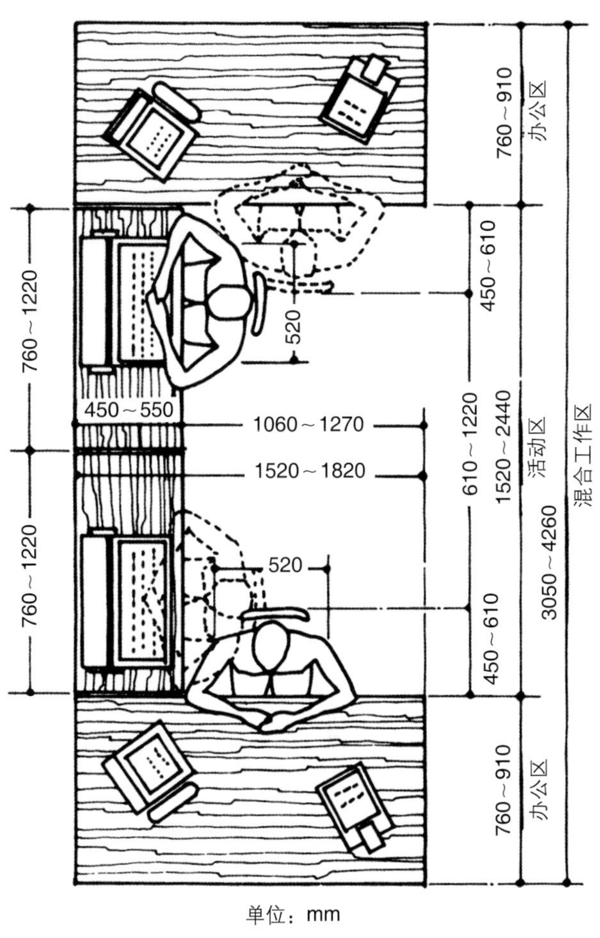

单位：mm

图2-17　相邻办公工作单元尺寸（1）

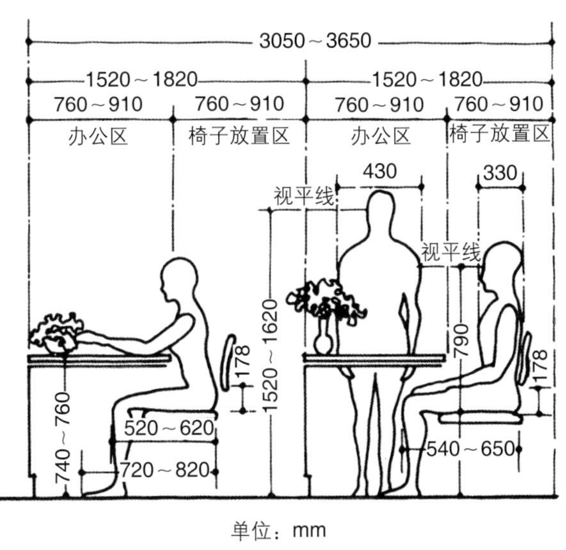

单位：mm

图2-18　相邻办公工作单元尺寸（2）

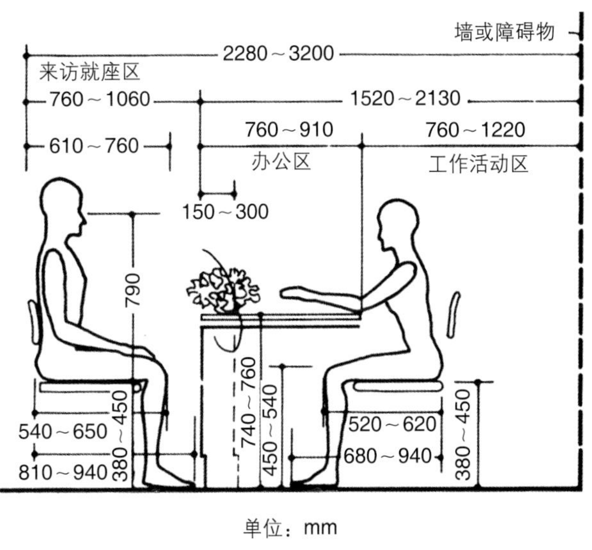

单位：mm

图2-19　来访就座区的尺寸要求

办公工作单元的尺寸设计要充分考虑人工作时的活动区域，以及根据不同职务的人的潜在心理需求来设计屏风或隔断（图 2-20 和图 2-21）。

图2-20　利用隔断划分出相对独立的区域

图2-21　桁架结构围合出一个不受外界干扰的工作区

2.4　室内环境中人的常见心理及其在设计中的应用

人在室内环境中，其心理与行为尽管有个体之间的差异，但从总体上分析仍然具有共性，仍然具有以相同或类似的方式做出反应的特点，在设计过程中照顾到人的这种心理属性，能使空间环境更加人性化（图 2-22）。

1. 领域性

领域性这个词的含义是从动物的行为研究中借用过来的，它是指动物个体或群体常常生活在自然界的固定位置或区域，各自保持自己的一定生活领域的行为方式。人在室内环境中的生活、生产活动总是力求其不被外界干扰或妨碍。不同的活动有其必需的生理和心理范围与领域，人们不希望它轻易地被外来的人与物所打破。

图2-22　对个人区域的限定

领域可分为私人领域和公共领域。私人领域（如房产）可由一个人占有，占有者有权决定谁可以或不可以进入他的私人领域；而公共领域（如餐厅、图书馆、敞开式办公区等）不能由一个人占有，它是任何人都可以进入的。对设计师而言，应当解决如何在公共领域建立半私人领域的问题，例如，在办公空间设计中对敞开式办公区座位的分隔，可以根据具体情况采用高低不等的隔断隔开，也可以利用一定高度的植物来进行分隔等，这样可以使人从心理上感到自己的人身空间或者私人领域并未受到侵扰（图 2-23）。

2. 个人空间

每个人都有自己的个人空间，这是直接在每个人周围的空间，它通常有看不见的边界，在边界以内

不允许进入。只有当设计的空间形态与尺寸符合人的心理时，才能保证空间合理、有效地被利用。

室内环境中个人空间常需要通盘考虑与人际交流、接触时所需的距离。人类学家爱德华 · T. 霍尔根据人际关系的亲密程度和行为特征把人际距离分为四种，即密切距离、个体距离、社交距离和公共距离，见表 2-6。

图2-23　办公工作单元的隔断划分出私人领域

表 2-6　人际距离与行为特征表　　单位：m

名　　称	间　　距	表　　现
亲密距离（0 ~ 0.45）	近程距离（0 ~ 0.15）	拥抱或进行其他全面亲密接触活动的距离
	远程距离（0.15 ~ 0.45）	有亲密关系的人之间的距离，如进行耳语
个体距离（0.45 ~ 1.2）	近程距离（0.45 ~ 0.75）	互相熟悉、关系好的朋友或情人之间的距离
	远程距离（0.75 ~ 1.2）	一般性朋友和熟人之间的交往距离
社会距离（1.2 ~ 3.6）	近程距离（1.2 ~ 2.1）	不相识的人之间的交往距离
	远程距离（2.1 ~ 3.6）	商务活动、礼仪活动场合的距离
公众距离（大于 3.6）	近程距离（3.6 ~ 7.5）	演讲者和听众之间的距离
	远程距离（大于 7.5）	借助扩音器演讲、大型会议室等处出现的距离

在办公空间设计中，利用人际距离的特征来合理布置座位，能充分照顾到员工的心理感受。例如，适当的座次安排能充分发挥交谈人员的最佳信息传播功能，实现双方语言和非语言沟通的最佳效果，因为在不同的座位对应关系下，谈话者的心理感受是不一样的。

交流时位置的差异会给人带来不同的心理感受。同样地，人与人之间距离的远近也体现了一定的心理尺度。

3. 私密性

领域性主要是空间范围，私密性则涉及在相应空间范围内包括视线、声音等方面的隔绝要求。人们在工作时有一定的活动空间范围，其设计是否合理直接关系到他们的工作效率。例如，敞开式办公空间适合于工作人员的互相沟通，自我约束，从而形成高效的工作氛围。然而，涉及个人具体的工作空间的设计时，要考虑到其具体工作活动的空间范围、行为方式、安定感和私密性。在自动化的办公室里，人与设备的关系不是对立的，应时时考虑人的心理承受度，即伏案工作时为独享空间，抬头或站立时又可与同事沟通、交流并共享公共空间（图 2-24）。专业人士对屏风式办公桌挡板的高度进行了深入研究，提出了 330mm 的标准尺寸，该标准尺寸具有如下特点。

图2-24　私密空间

（1）当你坐着面向前方时，视线不会受阻挡，容易与人进行交流。

（2）当你面向台面工作时，感受不到外界的视线，增强了个人的私密性。

（3）当你站起来时，挡板顶端正好到达人的肘部，使人与人之间更容易交流。

虽然仅仅是挡板尺寸的问题，但是经过人体工程学的研究、设计与制造，就可以使人在办公室里感受不到压迫感。

思考题

1. 人体工程学的定义是什么？它在办公空间设计中的作用是什么？
2. 在办公家具设计中，人体工程学体现在什么地方？
3. 办公工作单元的设计要点是什么？
4. 在办公空间设计中，了解人的行为心理有何作用？

第 3 章 办公空间的功能分区及配置

在办公空间设计中,满足办公的使用功能是最基本的要求,尽管办公的机构性质各不一样,但在功能分区和设备的配置上是大致相同的,也是有规律可循的。

3.1 办公空间的功能分区及其特点

办公空间的功能分区首先要符合工作和使用的方便。从业务角度考虑,大多数平面布局顺序是:门厅→接待→洽谈→工作→交流与审阅→业务领导→高级领导→董事会。合理的工作顺序安排会有利于工作的开展。

1. 门厅

门厅处于整个办公空间的最重要位置,是给客户第一印象的地方,也是最能体现企业文化特征的地方,要精心设计、重点装修(图 3-1)。门厅的面积要适度,一般在几十至一百多平方米之间,否则过大会浪费空间,过小影响企业形象。门厅一般会安排前台接待,也可根据需要布置休息区。在面积允许的情况下,还可安排一定的园林绿化区或装饰品陈列区(图 3-2 ~图 3-5)。

2. 接待室

接待室是客人等待和洽谈的地方,也是产品展示和宣传企业形象的地方。接待室的装饰设计应有特色,面积不宜过大,通常在十几至几十平方米之间。家具可以选用沙发和茶几的组合,也可以选用桌子和椅子的组合,必要的时候两者可以同用,只要分布合理即可(图 3-6)。接待室根据需要可预留陈列柜、摆设镜框和宣传品的位置(图 3-7 和图 3-8)。

3. 工作室

工作室即员工办公室,要根据工作需要和部门人数并参考建筑结构来设定工作室的面积和位置。在工作室内安排前,先要平衡与其他功能空间的关系。在布置工作室时应注意不同工作的使用要求:如对外洽谈的,位置应靠近门厅和接待室门口;搞统计或绘图的,则应该有相对安静的空间。要注意人和家具、设备、空间、通道的关系。工作室的室内布局主要体现在办公桌的组合形式上,一般工作室的办公桌多为横竖向摆设,若有较大的空间时,也可考虑斜向排列的方式。特别对于流行的敞开式办公区来说,办公桌的组合更需要有新意才能体现企业的文化与品位(图 3-9)。在敞开式办公区里,常会安排 3 ~ 4 人的小会议桌,方便员工及时讨论、解决工作上的一些问题(图 3-10)。

4. 管理人员办公室

管理人员办公室通常为部门主管而设,一般应紧靠所管辖的部门员工。其设计取决于管理人员的业务性质和接待客人等有关企业的决策方式。管理人员办公室一般多采用单独式房间(图 3-11 和图 3-12),但有时也为便于与员工相互间的信息交流、沟通而安排在敞开式办公区域的一角,通过屏风或玻璃壁把空间隔开。管理人员办公室里面除设有办公台、文件柜以外,还设有接待洽谈的椅子,另外还可增设沙发、茶几等设施。

图3-1　某公司主大厅及天桥图

图3-2　门厅处设计有装饰陈列区

图3-3　某公司接待台设计

图3-4　某公司门厅休息区的设计

图3-5 门厅设计

图3-6 接待室地面使用深色地毯显得稳重大方

图3-7 接待区设有模型展示

图3-8 某公司接待室的展示柜设计

图3-9 敞开式办公区的办公桌组合

图3-10 敞开式办公区里的小会议桌

图3-11　管理人员办公室

图3-12　用半透明的PVC板作隔墙的管理人员办公室

5. 领导办公室

领导办公室通常分为最高领导办公室和副职领导办公室，两者在装修档次上往往是有区别的。领导办公室的平面布局设计应选择通风采光条件好、方便工作的位置。办公室面积要宽敞，家具型号也较大，办公椅后面可设装饰柜或书柜，增加文化气息和豪华感（图 3-13 和图 3-14）；办公台前通常有接待洽谈椅。在面积允许的情况下，可增设带沙发、茶几的会客和休息区。不少单位的领导办公室还单独设有卧室和卫生间。

图3-13　总经理办公室设计

图3-14　造型别致的书柜设计

6. 会议室、设备与资料室

会议室是同客户交谈和员工开会的地方。在设计会议室前首先要明确会议室的使用目的，然后再决定会议室的形式、规模和数量(图 3-15)。特别需要考虑的是如何提高其使用效率。会议室面积的大小取决于实际需要，如果使用人数在二三十人之内，可用方形、圆形、椭圆形、船形的大会议台形式。若人数较多的会议室，应考虑用独立两人桌，以作多种排列和组合使用。大会议室应设主席台（图 3-16）。

设备与资料室的面积和位置除要考虑使用方便之外，还应考虑保安和保养、维护的要求（图 3-17）。

图3-15　会议室

图3-16　报告厅

图3-17　某公司资料室

7. 通道

通道是不可少也不宜多的地方，在平面布局时应尽量减少或缩短通道的长度，这样既可以节约面积和造价，也可以提高工作效率。通道的形式分为三种：集中型结构、线型结构和分散型结构（图 3-18）。通道形式的选择主要与公司的特定组织结构和经济实力相关。

通道的宽度要足够，如主通道的宽度在 1800mm 以上，次通道的宽度不要窄于 1200mm，因为除了便于行走之外，也是出于安全方面的考虑。通道也能体现单位的形象，通道过窄，会使企业形象大打折扣。

8. 更衣室

很多大型公司或企业非常注重形象包装和宣传，要求员工上班时间要穿工作服，如银行业、证券业、电信业或大型跨国公司等。在设计这种办公空间时，就要考虑为员工设计更衣室。更衣室要男女分开，装修以满足需要为准，不做过多的设计。

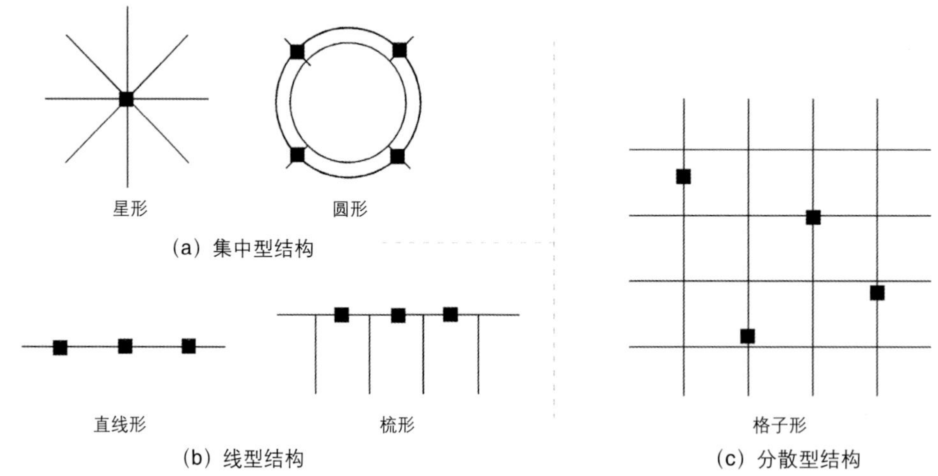

图3-18　通道形式

3.2　办公空间的家具设计

办公家具是办公空间设计的主体，与人的接触最为密切，它设计的好坏直接影响到工作人员的生理和心理健康、办公的质量和效率等。除了一些固定的办公家具需要专门设计和制作外，现代办公家具大都采用选购的方式。因此，选择合适的办公家具与布置对于办公空间的设计尤为重要。

3.2.1　办公家具的选择要点

1. 符合使用功能

符合使用功能是指人身体的各部分在使用办公家具时要舒适、方便和安全。例如，办公桌要考虑其使用者所用设备或工具及所存储资料的方式（如是用计算机还是用画图板，是需要存放图纸文件还是光盘等）。目前，为满足各种使用功能而设计的办公家具层出不穷，如可随意升降的多用途办公桌椅、把台式计算机主机放在桌面以下的办公桌等，都是为了便于工作或适应各种特殊用途。

2. 选择合理的结构和耐用的材料

办公家具除了好用之外，还应有合理的结构和耐用的材料，只有这样的办公家具才牢固、安全和易于搬动。目前，办公家具按使用材料的不同分为以下几种。

（1）原木家具

原木家具是一种采用传统材料的家具类型，其主要特点是造型丰富，色泽自然，纹理清晰而有变化，有一定的韧性和透气性。适用于家具的主要木材有水曲柳、松木、杉木、柳木、樟木、红木、花梨木、紫檀等。原木家具价格昂贵，很难大量普及，常用于领导办公室或为空间作点缀之用（图 3-19）。

（2）胶合板家具

胶合板家具是目前用得最多的办公家具，它包括夹板、中纤板、密度板、刨花板等。其优点是取材和制作容易，既适合工厂大批量生产，也适合施工单位现场制作，材料不变形或变形少，饰面多且色泽均匀，饰面可刷各种油漆或贴各种材料（如防火板、金属板、皮革等），还可以做各种造型，如弧形、几何形等（图 3-20 和图 3-21）。

（3）多材质家具

多材质家具由金属、木材、胶合板、玻璃、塑料、石材、人造革或真皮等两种以上的材料构成。这类家具因能以不同材料满足人对家具不同部位的不同要求而发展得很快。目前座椅类几乎全是这种产品，而且不少台和柜也按这种方式制作。这种家具质感丰富，且可取各材料的优点，所以无论在形式、用途、使用效果方面，还是在性价比方面，都有相当大的优势（图 3-22）。

图3-19　某办公空间接待处的古色古香的实木家具

图3-20　胶合板家具（1）

图3-21　胶合板家具（2）

3. 家具的形式要符合单位形象

办公空间设计的一个重要任务就是塑造单位的形象，而办公家具作为其中重要的部分，起着不可忽视的作用（图 3-23），因此，家具的形式不但要美观实用，而且还应与用户的业务性质和应有的单位形象一致，并在其中起到协调和点缀的作用。

在设计和选用办公家具时应注意以下几点。

（1）办公家具应以实用简洁为主

因为办公家具主要为工作所用，采用实用简洁的家具更可体现单位的务实作风和效率（图 3-24 和图 3-25）。一些过分雕琢、造型复杂的家具反而会使人觉得缺乏时代感或实在感，但领导办公室可根据需要酌情考虑。

图3-22　会议桌为金属、木和玻璃的结合体

图3-23　简洁舒适的办公环境

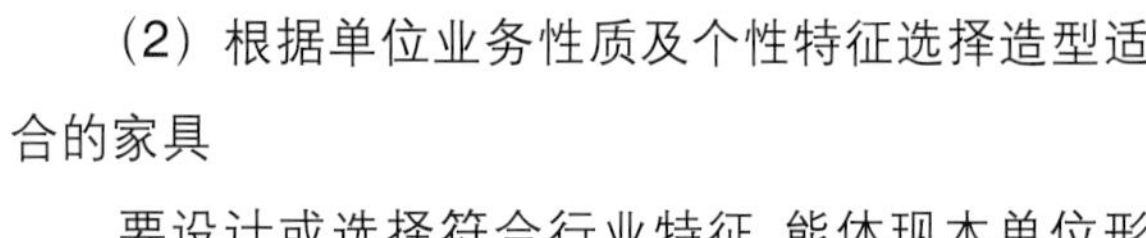

图3-24　一个定制的12.2m木桌子迂回布置在柱子周围，将10个人的工作区域连接在一起

图3-25　造型简洁的办公家具

（2）根据单位业务性质及个性特征选择造型适合的家具

要设计或选择符合行业特征、能体现本单位形象的独特家具。如一些雕花的中西式家具放在一般行业办公室不太合适，但若放在文物类或有传统特色的单位办公室，却能加强其企业形象。一些造型活泼且奇特的家具用在儿童产品行业，也能起到意想不到的效果。

（3）利用家具的色与形来丰富空间环境

颜色具有不同的象征性，如红色象征热烈，绿色象征大自然的色彩，蓝色具有冷静理智的特征等。不同的形也体现出不同的特征。在设计和选择家具时，除了对其使用功能进行设定和选择外，还应把其形与色作为塑造整体形象的元素。

4. 家具与环境的关系

家具相对于室内空间来讲具有较大的可变性。设计师往往利用家具作为灵活的空间构件来调节内部空间关系，变换空间使用功能，或者提高室内空间的利用率。另外，家具相对于室内纺织品和

装饰物来讲，又有一定的固定性。家具布置一旦定位、定型，人们的行动路线、房间的使用功能、装饰品的观赏点和布置手段都会相对固定，甚至房间的空间艺术趣味也会因此被确认。家具的这种既可动又不可轻易动的空间特性规定了家具作为室内空间构件的重要地位。因此，家具形式的重要性并不亚于其功能的重要性。在很多情况下，家具本身就是起装点室内空间、满足视觉效果的作用，利用家具来改变内部空间艺术表现力是十分有效的室内环境设计手段。在室内空间中，家具的实用性和艺术表现力应同时并存。所以，在处理有关家具的设计问题时，不能脱离整体格局和统一的室内空间组合要求来孤立地解决家具的设计与陈设布置问题。室内设计师必须在设计过程中了解家具的种类、特点及与家具有关的人体工程学知识，把握在室内空间中对家具进行合理布局的一般原则，才能充分利用家具这一室内空间构件来营造出丰富、宜人的室内空间形态。

为创造良好的气氛，室内公共活动区部分的家具都成套或成组配置，这种布置方式可限定出不同用途、不同效果的小空间。

3.2.2　办公桌的组合方式

办公桌的单体常作为敞开式办公空间组合的基本单元，它不仅可以为个人提供独立的工作区域，还能实现现代办公场所要求人员组合上的灵活性，因此，办公桌的设计应尽量考虑到组合的可能性，以提高空间的利用率和工作效率。办公桌的组合方式很灵活，这要根据具体的空间形态和家具形状来设计，一般来说，常见的办公桌组合方式如图 3-26 和图 3-27 所示。

3.2.3　办公会议所用家具

办公会议所用家具主要是会议桌和椅子。常见的会议桌造型有正方形、长方形、圆形、椭圆形、船形等。一般来说，圆形会议桌有利于营造平等、集中的交流氛围；正方形会议桌也基本具备这种功能；而长方形会议桌、船形会议桌比较适合区分与会者的身份和地位（图 3-28 和图 3-29）。

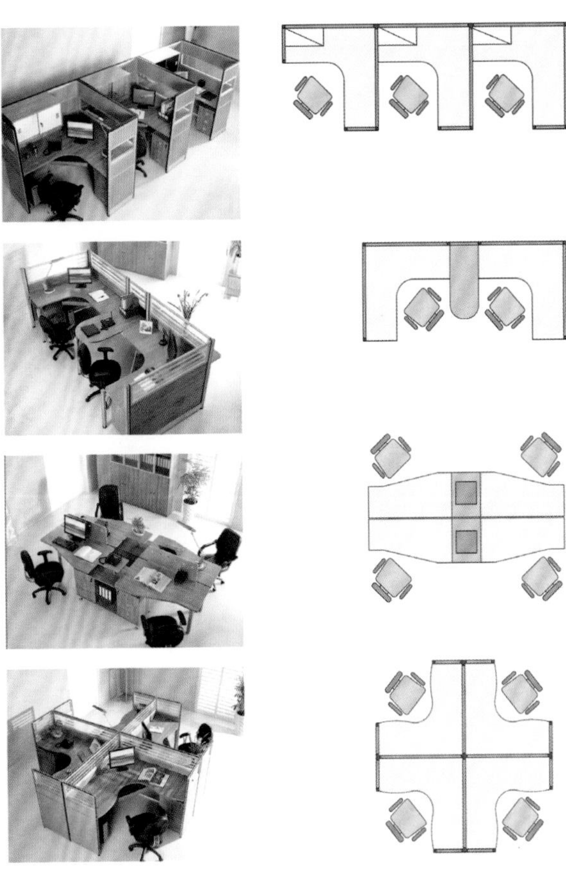

图3-26　常见的办公桌组合方式（1）

会议桌的大小取决于实际需要，还要结合会议室的空间形状来选择，同时还要考虑会议桌及座位以外四周的流动空间。根据人体工程学原理，从会议桌边缘到墙面或其他障碍物之间的最小距离应为 1220mm，该尺寸是与会者进入座位就座和与会人员从座位后通行的必备空间。

在敞开式办公区中，还可根据需要安排 3 ～ 6 人的小型会议桌方便员工们的工作与交流，这种会议桌形式也要预留外围的通行区（图 3-30 和图 3-31）。

3.2.4　资料存储家具

资料存储家具是办公空间所需的用于存储文件资料的家具，这类家具可以购买也可以现场制作，无论采用哪种方式，都应考虑满足合理的存储量和取放方便等方面的要求，并在此前提下尽量节省空间。资料柜、架的尺寸应根据人体尺寸、推拉角度等人体工程学的要求来设计。现在大部分的资料存储家具都有现成品，选择时要根据空间的布局考虑家具的尺寸规格（图 3-32）。

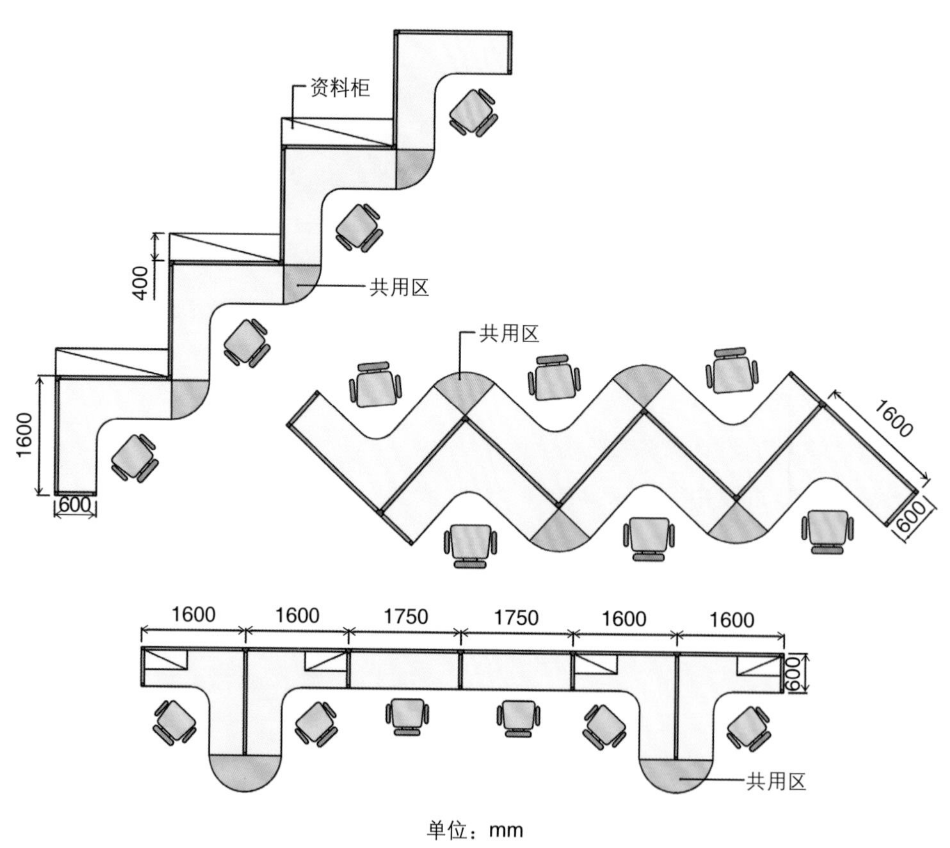

图3-27 常见的办公桌组合方式（2）

图3-28 U形会议桌

图3-29 吊顶造型与会议桌相映生辉

图3-30　某办公空间的交流合作区域设计

图3-31　方便交流的小型会议桌

图3-32　成品资料柜

3.2.5　办公单元的设计

为充分发挥个人的能动性及创造性，现代办公对办公格局个性化的要求越来越普遍，相对独立的中小型办公单元可为工作人员提供不同程度的独立空间，使他们能在不受外界干扰的情况下工作和学习（图 3-33）。办公单元的设计应采取便于组装、整合、分隔的空间组织形式。在组织每个办公单元时，要考虑更多人的行为要求，主要从通行、办公、整理资料、接待以及小型讨论等方面综合考虑。

图3-33　高度略高于眼睛水平视线的软木面板被用来对经过专门设计并具有统一要求的工作区域进行分隔

3.3　办公空间的绿化设计

在当前城市环境日益恶化的情况下，人们对改善城市生态环境、崇尚大自然返璞归真的强烈愿望和要求迫在眉睫。因此，通过室内绿化把人们的工作、学习、生活和休息空间变成“绿色空间”，是改善城市环境最有效的手段之一（图 3-34 和图 3-35）。现代办公空间越来越重视绿化设计，设计界推崇的景观办公空间模式就是充分利用绿化的典范。一个生机盎然的室内空间不但能减轻员工的工作压力，还能提高他们的工作效率。绿化能美化环境、陶冶情操，还能起到组织室内空间的作用。

3.3.1　绿化的作用

1．利用绿化组织室内空间

室内绿化经过适当的组合与处理，在组织空间和丰富空间层次方面能起到积极的作用。

（1）引导空间

植物在室内环境中通常显得比较“跳”，所以能引人注目。因此，在室内空间的组织上常用植物作为空间过渡的引导，将绿化用于不同品格空间的转换点，使其具有极好的引导和暗示作用，还有利于引导人流进入主要活动空间和到达出入口。

图3-34　某广告代理公司的中庭绿化设计

图3-35　绿化使办公环境更富有生机

（2）限定空间

室内绿化对空间的限定有别于隔墙、家具、隔断等，它具有更大的灵活性。被限定的各部分空间既能保证一定的独立性，又不失整体空间的敞开完整性，非常适合现在的敞开式办公空间模式。

（3）沟通空间

用植物作为室内外空间的联系，将室外植物延伸到室内，使内部空间兼有外部自然界的要素，有利于空间的过渡，并能使这种过渡自然流畅，扩大了室内的空间感（图 3-36）。

图3-36　位于办公楼之间的种满茂盛植物的玻璃空间扩大了室内的空间感

（4）填补空间

在室内空间组织中，当完成基本的物质要素的布置时，往往会发现有些空间还缺点什么，这时，绿化是最理想的补缺品，可以根据空间的大小选择合适的植物。除了完美的构图外，绿化还增添了不少活力和生机，这是其他物品无法替代的。所以当室内出现一些死角和无法利用的空间时，可利用绿化来解决这些问题（图 3-37）。

图3-37　办公楼的绿化设计

2. 利用绿化净化空气和改善环境

应有效布置室内绿化植物，可以通过植物本身的生态特性起到调节室温、净化空气、减少噪声的作用。首先，植物通过光合作用可以吸收二氧化碳，释放氧气；其次，植物的叶片吸热和水分的蒸发对室内环境能起到降温、保湿的功能；再次，植物具有良好的吸声性，它能降低室内噪声，使室内环境更加安静。另外，靠近门、窗布置绿化带能有效减轻室外噪声的影响。

3. 利用绿化美化空间和陶冶情操

由于现代工作与生活节奏的加快，人们渐渐远离了自然环境，因此把树木、花草、流水等引入室内，能舒缓人们的工作疲劳和工作压力。因为，室内绿化可以使人的视觉神经得到放松，减少对人的眼睛的刺激，并且使人的大脑皮层得到休息，有助于人放松精神和消除疲劳。另外，植物本身带有自然优美的造型、丰富的色彩，显示出生机勃勃的生命力，能给办公室带来一股清新、愉快、自然的氛围。室内绿化把大自然的美景引入室内，对人们的性情、爱好都有潜移默化的作用（图 3-38）。

3.3.2　绿化的配置要求

1. 植物的选择

室内植物的选择，首先，应注意室内的光照条件，这对永久性植物尤为重要，因为光照是植物生长的重要条件。同时，室内的湿度和温度也是选用植物必须考虑的因素。因此，季节性不明显、在室内易成活的植物是室内绿化的必要条件。其次，形态优美、装饰性强的植物，是室内绿化选用的重要条件。另外，要了解植物的特性，避免选用高耗氧、有毒性的植物。最后，要根据空间的大小尺寸和装饰风格，从品种、形态、色泽等几方面来综合选择植物（图 3-39 和图 3-40）。

图3-38　中庭花园与清凉的建筑材料的使用相映成趣

图3-39　现代办公空间绿化设计无处不在

图3-40　某办公大楼中庭种满了季节性植物

2. 植物的主要品种

（1）常年观赏植物

常年观赏植物主要包括文竹、仙人掌、万年青、石莲花、雪松、罗汉松、苏铁、棕竹、凤尾竹等。

（2）春夏季花卉植物

春夏季花卉植物的品种很多，有吊兰、报春花、金盏花、海棠花、茉莉花、木槿、金丝桃、香石竹、南天竹、锦葵等。

（3）秋冬季花卉植物

秋冬季花卉植物主要有佛手、天竺葵、菊花、梅花、仙客来、长寿花、蟹爪兰、三色堇、郁金香等。

3. 植物的配置方法

植物的配置应考虑尺寸、特征、构图等因素。

（1）尺寸

室内植物小可至几厘米，大可及数米，因此在植物配置上应注意与室内空间的协调。在小空间中用大型植物或在大空间中用小型植物装饰，都难以获得理想的效果。

（2）特征

每种植物都具备自身的特征，这主要体现在其形态、质感、色彩和生产特点上。

（3）构图

室内绿化配置应符合室内总体构图的要求，尽量避免因种类过多而带来的杂乱无序和无性格现象。同时，还应考虑到四季色彩的变化等。

思考题

1. 办公空间有哪些功能分区？
2. 办公家具的选择有哪些要求？
3. 办公桌的组合依据是什么？有哪几种常见的组合方式？
4. 办公空间中植物的选择需要注意哪些方面？

第 4 章
办公空间的照明设计

办公空间的室内照明应该是能长时间进行公务活动的明视照明，它既要考虑相关工作面的照明要求，又要创造一个美观与舒适的室内视觉环境。良好的照明设计不但能满足员工生理、心理上的舒适感和安全感，还能激发员工的工作热情、提高工作效率（图 4-1）。

图4-1　接待区自然采光和室内照明融为一体

4.1　办公空间照明的质量要求

照明质量是衡量照明设计好坏的主要指标，评定照明质量的优劣需要综合考虑以下各方面因素，如图 4-2 所示。该图中包含了 6 大因素，针对不同的工程项目，各因素所占的权重也各不相同，一般来说，技术指标、舒适度、艺术表现 3 个因素需要重点考虑。

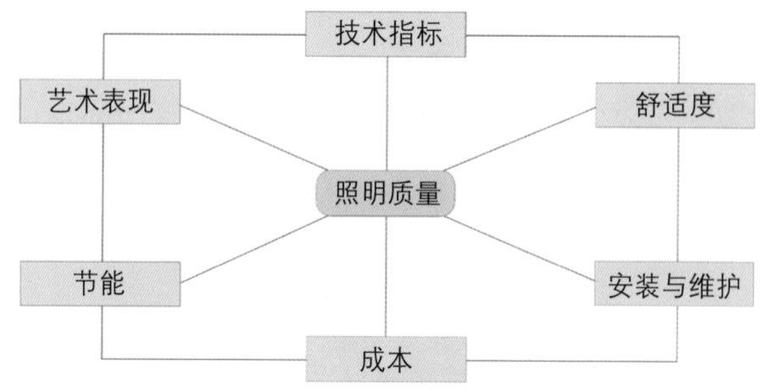

图4-2　评价照明质量的6大因素

4.1.1　合理的照度水平

照度是指被照物体单位面积上的光通量值，单位是 lx（勒克斯），它是决定被照物体明亮程度的间接指标。在确定设计照度时首先应该参照《建筑电气设计技术规范》（JBJ/T 16—2008）推荐的照度标准，但推荐的照度标准具有一定的幅度，因此取值时应按实际情况慎重考虑。表 4-1 为室内空间照明的推荐照度。

表 4-1　室内空间照明的推荐照度

不同功能的场所		平均照度 /lx	办公空间	平均照度 /lx
非经常使用的区域	暗环境的公共区域	20、30、50	普通办公室	500
	短暂逗留的区域	70 ~ 100	计算机工作站	500
	不进行连续工作的空间	150 ~ 200	设计室、绘图室	750
室内工作区一般照明	视觉要求有限的区域	300 ~ 500	打字室	500
	普通要求的办公作业区	500 ~ 750	接待室、会议室	300 ~ 500
	高照明要求的办公区	1000 ~ 1500	陈列室	400
精密视觉作业的附加照明	长时间精密作业区	2000 ~ 4000	休息室	200
	特别精密的视觉作业区	5000 ~ 8000	楼梯间、电梯间	150
	特殊精密作业（如手术）	8000 ~ 15000	走道	100

在确定照度时，要对视力方面和心理方面的接受程度综合考虑。国外学者从心理学方面研究，认为通常在读书之类的视觉工作中至少需要 500lx，而事实上为了进一步减轻眼睛的疲劳则需要 1000 ~ 2000lx。因此，在条件允许的范围内最好提高照度标准，同时，适当增加室内的照度也会使空间产生宽敞明亮的感觉，有助于提高员工的工作效率，从而提升企业形象。

4.1.2　适宜的亮度分布

对于大中型办公空间，常在顶棚有规律地安装固定样式的灯具如格栅灯、筒灯等，以便于在工作面上得到均匀的照度，并可以适应灵活的平面布局和空间分隔（图 4-3）。这种均匀的照度是以满足办公书写要求为前提的，但对非办公区域则不需要如此高的照度要求，以免增加耗电量。而且从人的舒适角度考虑，大面积、高亮的顶棚容易产生眩光，使整个室内光环境变得呆板。因此，提倡办公空间采用混合照明方式：在保持一定照度的顶部照明基础上，增加局部的、小区域的工作面照明（图 4-4）。

工作面附近区域的亮度分布很关键，如果亮度太强，人的注意力不易集中；如果亮度太弱，容易造成视觉疲劳。因此，工作面的光照度与周围物体表面的亮度应有一个适度的亮度比。办公空间亮度的推荐值如表 4-2 所示。相对于工作面照度的周围环境照度如表 4-3 所示。

图4-3　格栅灯保证了工作面有足够的照度

图4-4　通过台灯照明加强工作面的照度

表 4-2　办公空间亮度的推荐值

所处场合情况	亮度比推荐值
工作对象与周围之间（例如书与桌子之间）	3 : 1
工作对象与离开它的表面之间（例如书与地面或墙面之间）	5 : 1
照明器或窗与其附近之间	10 : 1
在普通的视野内	30 : 1

表 4-3　相对于工作面照度的周围环境照度　　单位：lx

工作面照度	工作区周边环境照度	工作面照度	工作区周边环境照度
≥ 750	500	300	200
500	300	≤ 200	与工作面的照度相同

4.1.3　避免产生眩光

办公空间是进行视觉作业的场所，所以注意眩光的问题很重要。

眩光是指视野内出现过高亮度或过大的亮度对比所造成的视觉不适或视力减低的现象。眩光产生的原因有：光源表面亮度过高，光源与背景间的亮度对比过大，灯具的安装位置不对等。避免眩光的方式有以下几种。

(1) 选择具有达到规定要求的保护角的灯具进行照明，也可采用格栅、建筑构件等来对光源进行遮挡，都是有效限制眩光的措施（图 4-5）。

(2) 为了限制眩光可以适当限定灯具的最低悬挂高度，通常灯具安装得越高，产生眩光的可能性就会越小。

(3) 努力减少不合理的亮度分布，可以有效地抑制眩光。比如，墙面、顶棚等都采用较高反射比的饰面材料，在同样的照度下，可以有效地提高它们的亮度，避免空间中眩光的产生（图 4-6）。

图4-5　利用格栅灯能较好地避免眩光

图4-6　发光顶棚能避免眩光的产生

4.2 办公空间的装饰照明设计

办公空间的照明设计不但要满足照明的基本要求，而且要善于利用顶面结构和装饰天棚之间的空间，隐藏各种照明管线和设备管道，并在此基础上进行艺术造型设计，从而取得良好的照明和装饰效果。

4.2.1 照明的布局形式

1. 基础照明

基础照明是指大空间内全面的、基本的照明，这种照明形式保证了室内空间的照度均匀一致，任何地方光线充足，便于任意布置办公家具和设备（图 4-7），但是耗电量大，在能源紧张的条件下是不经济的。

2. 重点照明

重点照明是指对特定区域和对象进行的重点投光，以强调某一对象或某一范围内的照明形式。如办公桌上增加台灯，能增强工作面照度，相对减少非工作区的照明，达到节能的目的（图 4-8）；对会议室陈设架的展品进行重点投光，能吸引人们的注意力（图 4-9）。重点照明的亮度根据物体种类、形状、大小以及展示方式等确定。

3. 装饰照明

装饰照明是为创造视觉上的美感而采取的特殊照明形式。通常是为了增加人们活动的情调，或者为了加强某一被照物的效果，以增强空间层次，营造环境氛围（图 4-10 和图 4-11）。

4.2.2 室内照明方式

光在空间的分布情况会直接影响到光环境的组成与质量。在进行办公空间的照明设计时，要结合视觉工作特点、环境因素和经济因素来选择灯具。同时，可利用不同材料的光学特性如透明、不透明、半透明质地制成各种各样的照明设备和照明装置，重新分配照度和亮度，根据不同的需要来改变光的发射方向和性能，以增强室内环境的艺术效果。照明方式按灯具的散光方式分为以下几种。

图4-7 敞开式办公区的基础照明

图4-8　在整体照明的基础上对桌面进行重点照明

图4-9　灯光照明系统从棱角分明的黑色格栅式天花板上悬垂下来，为挂于墙上的艺术品提供重点照明

图4-10　沿着墙面轮廓设计的装饰照明

图4-11　墙面照明的布局形式不但装饰感强，还有一定的照明效果

1. 直接照明

直接照明是 90% 以上的灯光直接照射到被照物体（图 4-12），裸露陈设的荧光灯和白炽灯均属于此类。这种照明方式由于亮度过高，应防止眩光的产生。

图4-12　采用隔栅灯直接照明

2. 间接照明

间接照明是将光源遮蔽而产生间接光的照明方式。这种照明方式是将 90% 以上的灯光射向顶棚或墙面，再从这些表面反射至工作面。其特点是光线柔和，没有很明显的阴影（图 4-13）。

图4-13　从顶棚反射下来的间接光造成顶棚升高的错觉

3. 半直接照明

半直接照明是灯光的 60% 左右直接照射到被照物体，40% 的光线向上漫射。用半透明的玻璃、塑料等做灯罩的灯就属于这一类（图 4-14）。这种照明方式的特点是没有眩光，光线柔和，能照亮房间顶部。

图4-14　三盏小灯为半直接照明方式

4. 半间接照明

半间接照明是大约 60% 以上的灯光首先照射到墙和顶棚上，只有少量光线直接照射到被照物体（图 4-15）。从顶棚来的反射光趋向于软化阴影和改善亮度比。具有漫射的半间接照明灯具，对阅读和学习更可取。

图4-15　会客室的照明

5. 漫射照明

漫射照明就是灯光照射到上、下、左、右的光线大体相等。常见的漫射照明有两种方式：一种是光线从灯罩上口射出经平顶反射，两侧从半透明灯罩扩散（图 4-16）；另一种是用半透明灯罩把光线全部封闭而产生漫射，这类光线柔和、温馨。

图4-16 漫射照明

4.3 办公空间不同功能区域的照明设计

办公空间的功能分区应根据办公机构的性质和工作的特点来考虑，不同的功能区域，其照明的设计是不同的。下面介绍几个主要区域的照明设计。

1. 集中办公区的照明设计

集中办公区是许多人共用的大空间，也是一个组织的主要运行部分，经常根据部门或不同工作分区，用办公家具或隔板分隔成小空间；集中办公区又称为敞开办公区或景观办公区。

集中办公区为适应工作内容的变化，常常变换桌椅、柜子、屏风、盆栽植物的布置，也使办公室给人一种焕然一新的感觉。因此，这个区域的照明设计常常是在顶棚有规律地安装固定样式的灯具，以便于在工作面上得到均匀的照度。但是，大面积高亮度的顶棚易产生眩光，同时均匀的顶部照明会使光环境变得呆板，使人产生郁闷的感觉。因此，集中办公区的照明设计应注意以下两点。

（1）注意避免眩光的产生，可用漫射透光和遮光方法来控制光源（图 4-17）；要避免光源与工作人员的视线同处于一个垂直平面内的布局；工作面及室内装修表面最好用无光材料。

（2）为使空间的光环境更丰富，就要创造出适当的不均匀的亮度。在保证工作面（区）应达到的照度标准值外，非工作区和通道可降低照度标准（图 4-18）。还可以在保持顶部照明的基础上，增加工作面的局部照明，使工作台面获得足够的照度。根据一些资料分析，认为一般区域照明为工作区域照明的 1/3，次要区域照明为一般区域照明的 1/3。

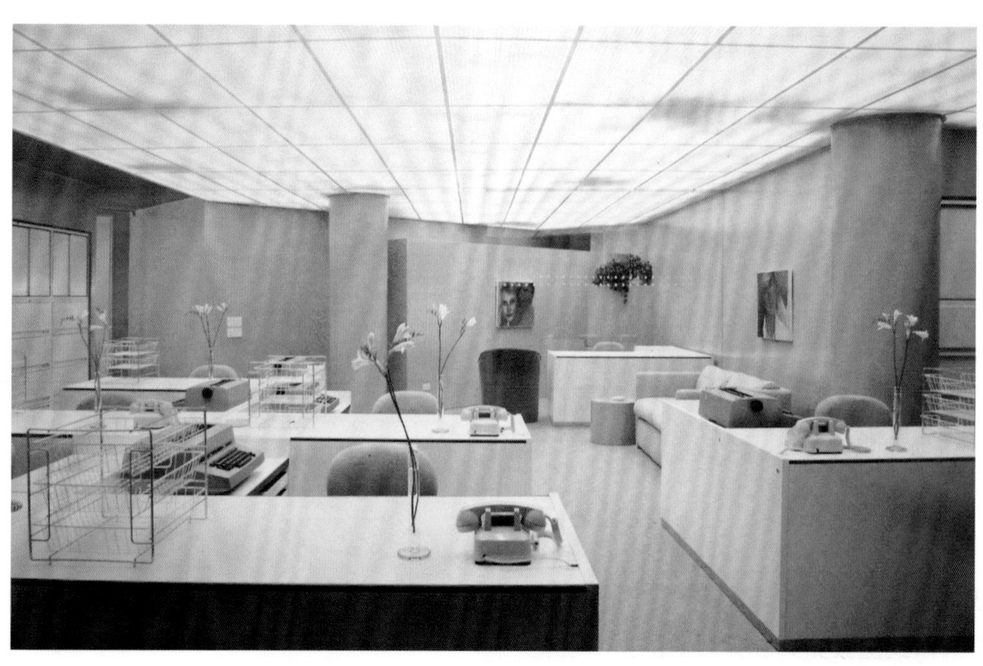

图4-17 整片流明天花板使室内光环境变得柔和

图4-18 在集中办公区照明设计中，过道可适当降低照度

图4-19 照明的艺术处理与会议桌相呼应

2. 个人办公室的照明设计

个人办公室通常包括总经理室、经理室、主管办公室等，这些办公室对顶部照明的亮度要求不高，更多的是用来烘托一定的艺术效果或气氛。个人办公室的照明设计需要对工作面进行重点投光，以达到一定的照度要求。办公室的其余部分由辅助照明来解决，充分运用装饰照明来处理空间细节。个人办公室的照明从整体上来说是围绕办公桌的具体位置而定的，它有明确的针对性，对于照明质量和灯具造型都有较高的要求。

图4-20 会议室的照明设计

3. 会议室的照明设计

会议室的家具主要是会议桌和椅子，会议室的照明设计就是要使会议桌面达到照度标准且照度均匀，同时与会者的面部也要有足够的照度。对于整个会议室的空间来说，照度应该有变化，通常以会议桌为中心，进行照明的艺术处理（图 4-19 和图 4-20）。另外，要注意视频、黑板、展板、陈列、陈设的照明。

图4-21 入口和门厅照明设计

4. 门厅、入口的照明设计

门厅、入口是企业办公楼、公司的进出空间，是给人最初印象的重要场所，要想充分展示公司的业务特征、企业文化和审美品位，除了依靠空间各界面的材料装饰外，还应该充分发挥照明的艺术表现力来增强展示效果（图 4-21）。

门厅和入口以白天使用为主，在有大量自然光射入的情况下，要结合自然光进行设计，确定在白天应该进行人工照明的场所和对象（图4-22）。

图4-22　某公司门厅接待区设计充分利用了自然采光

从门厅的结构和风格考虑，应该创造出与室外相连或相隔的空间感觉，从而确定照明光源的光色和色温。

门厅和入口的照明设计要适当提高主要墙面与行人面部的垂直面照度，要充分运用装饰照明的艺术手法。

4.4　办公空间照明的计算方法

办公空间照明的计算很复杂，精确地讲，它包括照度计算、亮度计算、眩光计算、色温计算以及显色指数计算等照明功能上各种效果的计算。对初学者来说，只需掌握一种较粗略的计算方法即可。

在照明设计的最初阶段采用“单位容量法”进行估算较为简便，其公式为

房间照明总瓦数＝单位容量值×平均照度值×房间面积

平均照度值的计算要根据房间工作面的照度要求，参考《建筑电气设计技术规程》推荐的照度标准来确定。

单位容量值就是指在1m^2的被照面积上产生1lx的照度值所需的瓦数。单位容量值见表4-4。

表4-4　光源输入的单位容量值

光　源	白炽灯			荧光灯、汞闪光灯、充气灯		
天棚	浅色	浅色	暗色	浅色	浅色	暗色
墙面	浅色	暗色	暗色	浅色	暗色	暗色
直接照明	0.16	0.18	0.20	0.05	0.06	0.06
半直接照明	0.20	0.24	0.28	0.06	0.07	0.08
漫射照明	0.24	0.30	0.37	0.07	0.09	0.11
半间接照明	0.28	0.37	0.48	0.08	0.11	0.13
间接照明	0.32	0.46	0.63	0.09	0.13	0.19

注：表中数值适用于一般效果的光源，计算时取整个平面照度的平均值。

现在举例来了解“单位容量法”的计算方法。

例如：某会议室面积为5m×6m，层高为3.8m；会议桌高为0.8m；吊顶刷白色乳胶漆，地面为深色混纺地毯；欲安装60W的白炽筒灯，试求房间照明总瓦数和筒灯的数目。

查表4-4得出会议桌上的照度标准为200lx；筒灯是直接照明方式，查表4-4得出会议室的单位容量值是0.18W。

房间照明总瓦数＝0.18W×200lx×30m^2＝1080W

筒灯数目＝1080W÷60W/个＝18个

这样确定会议室应安装60W的白炽筒灯18个，即可满足200lx的照度要求。

思考题

1. 照度的定义是什么?

2. 如何避免眩光的产生?

3. 在办公空间的照明设计中,保证一定照度标准的前提下,通过什么样的方法达到节能的目的?

4. 如何估算一个房间的用电量和灯具数目?

第 5 章 办公空间的色彩设计

色彩是建筑视觉形态的另一基本要素。它的存在虽然离不开具体的物体形态,但却具有比形、材质、大小更强的视觉感染力。由于色彩往往更能引起人的视觉注意,也就具有“先声夺人”的力量,所以,在传统工艺美术中有“远看颜色近看花、先看颜色后看花、七分颜色三分花”之说。色彩有时会使很平常的形体变得美好,在一定程度上改变人对形的视觉感,或加强形的语言表现力,起到画龙点睛的作用。但色彩又依附于形和光,只有与形协调一致并能和谐地配合光,同时又与具体用途恰当地结合,才能得到理想的色彩表意效果。

在办公空间设计中,色彩占有相当重要的地位,装饰对象的效果不仅与空间处理以及家具、陈设和灯光的布置相关,而且更离不开色彩。色彩在办公空间设计中的巧妙应用,不仅会对视觉环境产生影响,而且还可以弥补某些设计上的不足,同时还会对人的情绪和心理活动产生积极的影响。

5.1 室内色彩的基本概念

自从 1666 年英国科学家牛顿在实验室里发现了光的成因后,人类对于色彩的研究也有了长足的发展,色彩为人类社会增添了无穷情趣,成为人类生活中不可缺少的因素。色彩是光的反射,是光刺激眼睛所产生的视觉感。了解色彩的物理特点以及色彩对人的心理、生理产生的影响,使之正确灵活地运用在设计中,从而设计出更加符合人类需求的色彩空间。

5.1.1 色彩的基本知识

1. 色彩的三个基本要素

色彩是由色相、明度和纯度构成的。我们通过色相、明度和纯度这三个基本要素来描述和分析色彩。

(1) 色相：即色别,是指不同颜色的相貌或名称。

(2) 明度：又称“光度”,是指色彩的明暗程度。

(3) 纯度：又称“饱和度”,是指颜色的纯净程度。

2. 色彩的分类

色彩分为有彩色与无彩色。有彩色分为原色、间色和复色,无彩色分为黑、白、灰。色彩中的原色为红、黄、蓝三原色,色彩中的间色为橙、绿、紫等。一种原色和一种间色相配成为复色。

5.1.2 色彩的感性效果

形体是具有各种表情的,色彩也具有引起人们各种感情的作用,因此在办公空间设计中有必要巧妙地利用色彩的感情效果。

1. 色彩的冷暖

色彩可分为暖色与冷色。红、橙、黄暖色使人感到温暖、热烈；蓝、绿、紫冷色则使人感觉清凉、宁静等；无彩色中白色冷,黑色暖,灰色呈中性。由此可见,色彩的冷暖只不过是人们的习惯反应,并非色彩

自身的温度。

色彩的冷暖感不是绝对的，而是相对的。无彩色与有彩色相比，后者比前者暖，前者比后者冷；从无彩色本身来看，黑色比白色暖；从有彩色本身看，同一色彩含红、橙、黄等成分偏多时偏暖，含蓝成分偏多时偏冷。

通常，色彩的冷暖感觉差别可达 3 ~ 4℃。因此，在办公空间设计中，正确地运用色彩的冷暖效果，可以制造出特定的气氛和环境，以弥补不良朝向造成的缺陷。

2. 色彩的兴奋和沉着

一般而言，红、橙、黄的刺激性强，给人以兴奋感，因此也称为兴奋色，蓝、青绿、蓝紫色的刺激性弱，给人以沉静感。办公空间的使用功能决定了要尽量避免大面积地使用兴奋色，给工作人员创造一个安静、平和的工作环境，从而提高他们的工作效率。

3. 色彩的距离感

色彩可以改变物体的距离感，使人感觉进、退、凹、凸、远、近的不同。能缩短观察者与物体之间距离的颜色，称为前进色；能使观察者和物体之间距离拉大的颜色，称为后退色（图 5-1）。

图5-1　某公司办公间的色彩搭配

色彩的距离感与物体的色相、明度有关，在同一视距条件下，明亮色、鲜色和暖色有向前、凸出、接近的感觉；而暗色、灰色、冷色有后退、凹进、远离的感觉（图 5-2）。主要色彩由前进到后退的排列顺序为：红→黄→橙→紫→绿→蓝。利用色彩的距离感来改善空间特征，是设计中常用的手法。

图5-2　过道的蓝灰色墙面产生一种后退感

4. 色彩的轻重感

色彩的轻重感取决于色彩的明度、彩度和色调。一般来说，明度高、彩度高、暖色调者显得轻，明度低、彩度低、冷色调者显得重。

正确运用色彩的轻重感，可使色彩关系平衡和稳定。例如，在室内采用上轻下重的色彩配置，就容易获得平衡、稳定的效果。巧妙地运用色彩的重量感，还可以改变室内空间的感觉。若室内空间感觉过高时，则顶棚可采用具有下沉感的重色，地面可采用具有上浮感的轻色，从而让人感觉高度有所降低（图 5-3）；

图5-3　某公司门厅的色彩搭配

若室内空间又低又小，则以单纯的轻色为宜，只有在室内空间宽敞时，才可运用轻重感的变化（图5-4）。

图5-4 某公司工作间以白色调为主，空间宽敞明亮

5.2 色彩在办公空间设计中的作用

色彩本身没有绝对的美或不美，它的美是在色与色之间的相互组合中体现的。当色彩本身反映的情趣与人的情绪产生共鸣时，人就会感到和谐愉悦（图5-5）。色彩在办公空间设计中的作用具体体现在以下几个方面。

图5-5 会客区的色彩搭配

5.2.1 色彩对空间感的调节作用

明度高、彩度强和暖色的色彩有前进感，看起来比实际距离近些；明度低、彩度弱和冷色的色彩有后退感，看起来比实际距离远些。这对于调整室内空间的距离有很大的作用。

同样面积的色彩，暖色、明度高和彩度高的色彩看起来面积膨胀；冷色、暗色、明度低和彩度低的色彩看起来面积缩小。此外，明度高、彩度高的色彩感觉轻快；明度低、彩度低的色彩感觉沉重，这些对于调整室内空间的感觉都具有很大的作用。例如，室内空间小但环境舒适，可布置浅色家具，墙面采用明度较高的色彩会令人感觉轻松愉快。

5.2.2 色彩对室内光线的调节作用

不同的颜色具备不同的反射率，因此，室内环境中的色彩对于调节光线具有很大的作用。理论上，白色的反射率为100%，黑色的反射率为零。实际上，白色的反射率常为70%～90%，灰色的反射率常为10%～70%，黑色的反射率则为10%以下。色彩的反射率主要取决于色彩明度的高低，彩度和色相对调节室内光线的作用非常小，因此，在运用色彩调节室内光线时首先应注意颜色的明度，其次才是其他方面的因素。高明度的颜色反射率高，能提高室内亮度；低明度的颜色反射率低，能减弱室内亮度。所以，当室内光线过强时，可选用反射率低的色彩，如各种灰色系列的颜色，当室内光线不足时，可选用反射率高的高明度色彩。

在实际应用中，应注意配合建筑朝向不同所带来的不同光线的特征。通常来说，朝南的房间特别是东西向的房间光照较强，可选用中性色或冷色调的颜色加以调节；朝北的房间，尽管光线较为持久稳定，但显得冷暗，可使用高明度暖色系列的色彩来改善室内的光线和气氛；背光的房间则宜采用高反射率的色彩。

5.2.3　色彩体现室内空间的性格

色彩对于表现现代室内的环境起着举足轻重的作用，在室内设计中，可以根据室内空间不同的功能要求选用不同的色彩，以创造相应的室内空间特色，满足使用者的不同心理和生理需求（图 5-6）。办公空间设计中，主色调一般选用比较淡雅的色彩，以创造一个宁静的空间（图 5-7）。

图5-6　某公司办事处接待区的色彩对比体现了企业的风格

图5-7　色彩淡雅的办公环境让人心情宁静

对于办公空间环境设计的色彩搭配来说，它不能硬套抽象的色彩关系，而要综合考虑办公空间中的色彩要素。办公空间色彩设计自由度相对较小，不仅要遵循一般的色彩对比与谐调的原则（既要协调又要对比，两者关系掌握适度），还要综合考虑办公空间具体的位置、面积、环境要求、功能目的、地方民族传统、服务对象的愿望等因素，并尽可能地利用装修材料本身的色彩、质感和光影效果（因为同样的色彩在不同的材料、不同的表面及不同光照下的视觉感受完全不同），使其更好地为传达特定信息服务（图 5-8）。

图5-8　空间入口处正红色的3M Logo有形成视觉焦点和塑造企业形象的效果

5.3　办公空间的色彩设计方法

色彩设计应综合考虑功能、美观、空间、材料等因素，作为工作场所的办公空间，其色彩应能使人冷静但不单调为宜。

5.3.1　色彩设计的基本原则

1. 满足功能要求

由于色彩具有明显的心理和生理效果，因此在色彩设计时应首先考虑功能上的要求，力争体现与功能相适应的性格和特点。

办公空间的色彩要给人一种明快感，这是办公场所的功能要求所决定的，在装饰中明快的色调可给人一种愉快的心情和一种洁净之感。色系搭配的选择可依照企业风格与特征考虑整体的企业形象而策划，并以现场空间环境的特点做整体上的颜色搭配，从而创造出完整、高效的办公环境。

2. 符合构图法则

要充分发挥色彩的美化作用，色彩的配置必须符合形式美的原则，正确处理协调与对比、统一与变化、主景与背景、基调与点缀等各种关系。

（1）基调。色彩中的基调很像乐曲中的主旋律，基调外的其他色彩则起着丰富、润色、烘托、陪衬的作用。形成色彩基调的因素有很多。从明度上讲，可以形成明调子、灰调子和暗调子（图5-9和图5-10）；从冷暖上讲，可以形成冷调子、温调子和暖调子；从色相上讲，可以形成黄调子、蓝调子、绿调子等。

图5-9 冷灰色调

图5-10 暖调子

办公空间的色彩基调以素雅、自然为宜，形成一种轻松自然的办公环境，从而有利于工作效率的提高。

（2）统一与变化。基调是使色彩统一协调的关键，但是只有统一而没有变化，仍然达不到美观耐看的目的。

在办公空间的色彩设计中，大面积的色块不宜采用过分鲜艳的色彩，小面积的色块宜适当提高色彩的明度和彩度，这样才能获得较好的统一与变化效果（图5-11）。

图5-11 深色的沙发和红色的灯饰点缀了整个空间

（3）稳定感与平衡感。上轻下重的色彩关系具有较好的稳定感。因此，在公共空间的色彩设计中常采用颜色较浅的顶棚和颜色较深的地面。采用颜色较深的顶棚往往是为了达到某种特殊的效果。

色彩的重量感还直接影响到构图的平衡感，在设计时应加以注意，避免产生不稳、失重等现象。

（4）韵律感与节奏感。室内色彩的起伏要有规律性，形成韵律与节奏。为此，要适当地处理门窗与墙、柱，窗帘与周围部件等的色彩关系。有规律地布置办公桌、资料柜、沙发、设备等；有规律地运用装饰画和饰物等，以获得较好的韵律与节奏感。

3. 注意色彩与材料的配合

色彩与材料的配合主要解决了两个问题：一是色彩用于不同质感的材料，将会产生什么不同的效果；二是如何充分地运用材料本色，使室内色彩更加自然、清新、丰富。

同一色彩用于不同质感的材料效果相差很大。它能够使人们在统一之中感受到变化，在总体协调的前提下感受到细微的差别。颜色相近，协调统一；质地不同，富于变化。从坚硬与柔软、光滑与粗糙、木质感与织物感的对比中来丰富室内环境。

5.3.2 色彩设计的步骤

在室内设计过程中，色彩设计并非是完全独立的过程，它必须与整体设计相协调，并在总体方案确定的基础上进行具体的色彩深化，以获得更好的效果，色彩设计的步骤见表 5-1。

表 5-1 色彩设计的步骤

设 计 步 骤	主 要 任 务	主 要 资 料
方案图	草图构思，确定大方案	设计草图，材料色彩样本
考虑整体与局部	协调总图与各使用空间设计	方案设计图（平、立、剖面）
考虑装修节点	编制节点一览表	施工图
参阅标准色彩图	室内色彩的深入推敲	设计标准色、使用材料样本
确定基调色、重点色	确定色彩，编制色彩表、色彩设计图	
施工监理	现场修正、追加、设计变更	

5.3.3 办公空间的色彩设计

室内色彩设计能否取得令人满意的效果，在于能否正确处理各种色彩间的关系。其中，最关键的问题是解决协调与对比的问题，只有当色彩符合统一之中有变化、协调之中有对比的原则时，才能使人感到舒适，给人以美的享受（图 5-12）。

图5-12 统一在土黄色的环境中又有重色的变化

处理色彩关系的一般原则是：大调和，小对比。即大色块间强调协调，小色块与大色块要有对比。色彩的协调包括调和色协调、对比色协调、有彩与无彩的协调；色彩的对比可表现为色相对比、明度对比和冷暖对比。

作为工作场所的办公空间，其色彩设计方法和其他类型空间设计方法一样，需要遵循以上的设计原则，但它又有其自身的特点。办公空间的色彩设计有一定的规律性可循，纵观当前国内外流行的办公空间装饰用色，归纳起来有以下几种设计方法。

1. 以黑、白、灰为基调，增加 1 ~ 2 个鲜艳的颜色作点缀

以黑、白、灰为基调，增加 1 ~ 2 个鲜艳的颜色作点缀，这是一种易于协调而又醒目的色彩搭配，这种设计既鲜艳又不花哨（图 5-13）。但要注意所选的点缀色，它可以是摆设和植物的颜色，也可

以是环境和企业形象的代表色。因为代表企业形象，因此一定要根据色彩的象征意义和企业形象严格选用。

图5-13 以黑、白、灰为基调，以红色点缀的色块

2. 以自然材料的本色为基调的配色方法

以自然材料的本色为基调的配色方法是以自然木材或石材的颜色作为空间设计的基调色。颜色比较柔和的，如浅黄色的枫木、白橡木、榉木、红胡桃等，较适合装饰一些高雅新式的办公室；而深色的柚木、红木，则适合装饰一些较严肃和传统的办公空间（图 5-14 和图 5-15）。石材也是同样的道理，浅色的如汉白玉、大花白、爵士白、金米黄、木纹石等优雅清爽；而深色的如印度红、宝石蓝和各类黑石则严肃庄严。对自然材料来说，若配以适合的人工颜色，也可以产生很好的效果，如目前较流行的浅黄色原木配灰绿色亚光漆就很美观。此外，应注意其明暗的对比关系，因自然材料色相、纯度和明度一般属中性，所以要注意配以深色或亮色作点缀，可起到点睛提神的作用。

3. 用优雅的中性色作基调构成整体环境气氛

这种设计的色彩丰富而不艳丽，追求淡雅、温馨、柔和的色彩感，适合食品和化妆品行业的办公空间（图 5-16）。但应注意色彩的浓淡关系的处理，如果处理不当，易显得灰沉和陈旧。通常的设计方法是适当使用黑白色或类似的深浅色，并在饰物和植物布置时用适量的鲜艳色，以激活其环境气氛。

图5-14 自然木材的颜色作为空间的基调色，体现了一种传统与和谐

图5-15 某公司原生态的门厅设计

办公空间除以上的色彩配置方法外，还有现代派和后现代派的用色设计，其特点是用大量的鲜艳而明亮的对比色，或用金银色和金属色构成环境气

氛（图 5-17 和图 5-18）。这种风格可用在某些特殊行业的办公空间，如娱乐业、广告业、网络行业等，但要注意如何使员工避免精神上的疲劳。

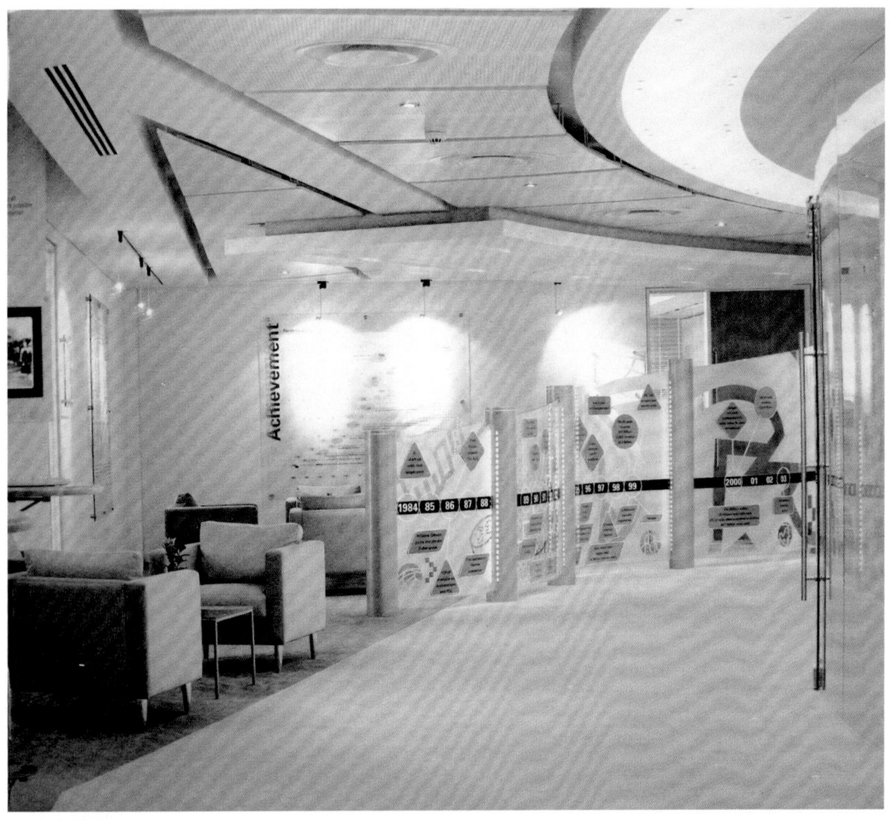

图5-16　化妆品公司的接待区给人一种淡雅、柔和、温馨的感觉

图5-17　某公司的总部设计能很好地体现企业文化

图5-18　另类的办公空间设计，在色彩搭配上追求一种后现代

思考题

1. 色彩的三要素是什么？三者之间的关系如何？
2. 如何避免眩光的产生？
3. 办公空间的色彩设计的基本原则是什么？
4. 如何处理色彩的调和与对比间的关系？

第 6 章 办公空间的界面设计

室内空间是由空间界面——地面、墙面和顶棚三部分围合而成的，这三部分确定了室内空间的大小和不同的空间形态。尽管室内空间环境效果并不完全取决于室内界面，但室内界面的材料选择、色彩的搭配和细部处理等，都对空间环境氛围的烘托产生很大的影响（图 6-1）。舒适、美观的室内空间环境并不是单纯地指地面、墙面、顶棚的表面装饰效果，而是指如何将室内装饰与室内已有空间有机地结合，形成整体，从而达到整体协调的艺术效果。

图6-1　某公司接待区的地面铺装设计

办公空间作为一种空间类型，其空间界面的设计既有一般室内空间界面设计的共性，又有自身的个性，掌握好共性和个性的特点，才能更好地把握界面设计的方法。

6.1　办公空间界面的要求、功能特点及装饰材料的选用

6.1.1　办公空间界面的要求

办公空间界面的要求如下。

（1）耐久性及使用期限。要尽量使用经久耐用的材料，同时要考虑其使用期限。

（2）耐燃及防火性能。要尽量使用不燃或难燃性材料，避免使用燃烧时释放大量浓烟和有毒气体的材料。

（3）无毒。即散发气体及触摸时的有害物质低于核定剂量。

（4）无害的核定放射剂量。例如，有些地区所产的天然石材具有一定的放射性。

（5）易于制作、安装，便于更新。

（6）必要的隔热保温和隔声吸声性能。

（7）装饰及美观要求。

（8）相应的经济要求。

6.1.2　办公空间界面的功能特点

1. 地面

地面要具有耐磨、耐腐蚀、防滑、防潮、防水、防

静电、隔声、吸声、易清洁等功能特点。

2. 墙面

墙面要具有挡视线，较高的隔声、吸声、保暖、隔热等功能特点。

3. 顶棚

顶棚要具有质轻，光反射率高，较高的隔声、吸声、保暖、隔热等功能特点。

6.1.3 办公空间界面装饰材料的选用

室内空间界面装饰材料的选用会直接影响室内空间设计整体的实用性、经济性、环境气氛以及美观与否。因此，设计者应当熟悉各种装饰材料的质地、性能特点，了解装饰材料的价格和施工操作工艺要求，善于运用当今先进的物质技术手段，为实现设计构思创建坚实的基础。

办公空间界面装饰材料的选用需要考虑下面几方面的要求。

1. 适应办公空间的功能性质

办公空间的室内环境应体现一种宁静、严肃的气氛，因此在选择装饰材料时，要注意其色彩、质地、光泽、纹理与空间环境相适应。

2. 适应空间界面的相应部位

不同的空间界面，相应地对装饰材料的物理性能、化学性能、视觉效果等的要求也各有不同，因此需要选用不同的装饰材料（图 6-2）。

3. 符合更新、时尚的发展需要

由于现代室内设计具有动态发展的特点，设计装修后的室内环境并不是永久不变的，需要不断更新，追求时尚，以环保、新颖美观的装饰材料来取代旧的装饰材料。

办公空间界面装饰材料的选用要注意“精心设计、巧于用材、优材精用、一般材质新用”。另外，装修标准有高低，即使是装修标准高的室内空间，也不应是高档材料的堆砌。

图6-2 黑色和灰色的大理石地面、界线分明的玻璃幕墙以及米色壁纸构成了一幅美景

6.2 办公空间界面装饰设计的原则与要点

6.2.1 办公空间界面装饰设计的原则

1. 统一的风格

办公空间的各界面处理必须在统一的风格下进行，这是室内空间界面装饰设计中的一个最基本原则。

2. 与室内气氛相一致

办公空间具有特有的空间性格和环境气氛要求。在空间界面装饰设计时，应对使用空间的气氛作充分的了解，以便做出合适的处理。

3. 避免过分突出

办公空间的界面在处理上切忌过分突出。因为

室内空间界面始终是室内环境的背景，对办公空间家具和陈设起烘托和陪衬作用，若过分重点处理，势必会喧宾夺主，影响整体空间的效果。所以，办公空间界面的装饰处理必须始终坚持以简洁、明快、淡雅为主。

6.2.2　办公空间界面装饰设计的要点

在进行办公空间界面装饰设计时，应着重处理好形状、质感、图案和色彩等要点的关系。关于色彩设计方面的问题已在第 5 章中专门介绍，在此仅介绍形状、质感和图案三方面的问题。

1. 形状

室内空间的形状与线、面、形相关，形体是由面构成的，面是由线构成的。

室内空间界面中的线主要是指由于表面凹凸变化而产生的线，这些线可以体现装修的静态或动态，也可以调整空间感，从而提高了装修的精美程度（图 6-3 和图 6-4）。例如，密集的线束具有极强的方向性；沿走廊方向表现出来的直线可以使走廊显得更深远。

图6-3　墙面由密集的线组成

图6-4　空间由线围合而成

室内空间界面中的形主要是指墙面、地面、顶面的形，形具有一定的性格，是由人们的联想作用而产生的。例如，棱角尖锐的形状容易给人以强壮、尖锐的感觉；圆滑的形状容易给人以柔和、迟钝的感觉；正圆形中心明确，具有向心力或离心力（图 6-5）。

图6-5　圆形具有很强的向心力

设计者要对线、面、形统一考虑其综合效果。面与面相交所形成的交接线可能是直线或折线，也可能是曲线，这与相交的两个面的形状有关。

2. 质感

建筑装饰材料可分为天然材料与人工材料、硬质材料与软质材料、精致材料与粗犷材料等（图 6-6和图 6-7）。材质是材料本身的结构与组织。质感是材质给人的感觉和印象。质感与颜色相似，都能使人产生联想。例如，粗糙的拉毛面给人以浑厚、温和的感觉；光滑、细腻的材料具有优美、雅致的情调，同时也给人一种冷漠感；木、竹、藤、麻、皮革可以使人感到柔软、轻盈、温暖和亲切。

图6-6 材质与造型的变化

在办公空间界面的装饰设计中，必须全面地掌握材料的特性，并能合理地运用。为此，在选择材料特性的过程中，应注意把握好以下几点。

图6-7 玻璃与地毯的材质对比

（1）要使材料特性与空间特性相吻合

室内空间的特性决定了空间的气氛，空间气氛的构成则与材料特性密切相关。因此，在选用材料时，应注意使其特性与办公空间气氛是否相匹配。例如，门厅可以选用天然石材、金属材料、玻璃等，利用材质光滑明亮的效果来体现一种现代感和严肃性（图 6-8）；经理室则可以选用木材、素面墙纸（布）、织物等来创造一种轻松、人性化的氛围。

图6-8 门厅石材、玻璃、金属的结合颇具现代感

（2）要充分展示材料自身的内在美

天然材料自身具备许多人无法模仿的美的要素，如花纹、图案、纹理、色彩等，因而在选用这些材料时，应注意识别和运用，并充分展示其内在美。例如，石材中的大理石、花岗岩，木材中的水曲柳、柚木、红木等，都具有天然的纹理和色彩（图 6-9）。只要充分展示好每种材料自身的内在美，即使花费较少，也能获得较好的效果。

图6-9　木饰面的自然美感

（3）要注意材料质感与距离、面积的关系

同种材料，当距离远近或面积大小不同时，它给人的质感往往是不同的。例如，毛石墙面近观很粗糙，远看则显得较平滑；表面光洁度好的材质越近感受越强，越远则越弱；光亮的金属材料作镶边时，显得特别光彩夺目，但大面积使用时，就容易给人凹凸不平的感觉。因此，在设计时，应充分把握这些材料的特点，并在大、小尺寸不同的空间中巧妙地运用。

（4）注意与使用要求的统一

对于有隔声、吸声、防火、防静电、光照等不同要求的办公空间，应选用不同材质、不同性能的材料；对同一空间的墙面、地面和顶棚，应根据耐磨性、耐污性、光照柔和程度等方面的不同要求而选用合适的材料。

（5）注意选用材料的经济性

选用材料时必须考虑其经济性，且应以低价高效为目标。但是高档的场所也应注意不同档次材料的配合，如果全部采用高档材料，就会使人有材料堆砌、浮华之感。

3. 图案

墙面、地面和顶棚有形有色，这些形和色在很多情况下又表现为各式各样的图案。室内环境能否统一协调而不呆板、富于变化而不混乱，都与图案的设计密切相关。装饰性图案可以用来烘托室内气氛，甚至表现某种思想和主题。无论动感图案还是静感图案，都有不可忽视的表现力。如抽象而简洁的几何图案，可以使办公空间更大方、明快（图 6-10）；具有主题性的重点图案，可以成为视线的焦点。

图6-10　地面的几何图案成为视觉焦点

（1）图案的用途

图案的用途主要表现在改变空间效果和表现特定气氛两个方面。图案可以通过自身的明暗、大小和色彩来改变空间效果。一般来说，色彩鲜明的大花图案可以使界面向前提，或者使界面缩小；色彩淡雅的小花图案可以使界面向后退，或者使界面扩展。

首先，图案可以使空间富有静感或动感。纵横交错的直线组成的网格图案会使空间富有稳定感；斜线、波浪形和其他方向性较强的图案则会使空间富有运动感。其次，图案还能使空间环境具有某种气氛和情趣。例如，平整的墙面贴上立体图案的壁纸，让人看上去会有凹凸不平之感；装饰墙采用带有透视性线条的图案与顶面和地面连接，给人以浑然一体的感觉。

(2) 图案的选择

在选用图案时，应充分考虑空间的大小、形状、用途和特性，使装饰与空间的使用功能相一致。办公空间的图案选择应慎用多种彩度过高的色彩，以使空间环境更加稳定和谐。同一空间在选用图案时，宜少不宜多，通常不超过 2 个图案。如果选用 3 个或 3 个以上的图案，则应强调突出其中一个主要图案，减弱其余图案；否则，过多的图案会造成视觉上的混乱。

6.3 办公空间各界面的装饰设计

6.3.1 顶棚装饰设计

顶棚不像地面与墙面那样与人的关系非常直接，但它却是室内空间中最富于变化和引人注目的界面（图 6-11）。

图6-11 某公司的门厅顶棚设计，吊顶造型具有象征意义，同时有很强的导向性

1. 顶棚装饰设计的要求

(1) 注意顶棚造型的轻快感

办公空间要有一种舒适、宁静的气氛，轻快感是办公空间顶棚装饰设计的基本要求，所以从形式、色彩、质地、明暗等方面都应充分考虑该原则。

(2) 满足结构和安全要求

顶棚的装饰设计应保证装饰部分结构与构造处理的合理性和可靠性，以确保使用的安全，避免意外事故的发生。

(3) 满足设备布置的要求

办公空间顶棚上的各种设备布置集中，中央空调、消防系统、强弱电错综复杂，设计时必须综合考虑，妥善处理。同时，还应协调好通风口、烟感器、自动喷淋器、扬声器等与顶棚面的关系（图 6-12 和图 6-13）。

图6-12 办公空间顶棚上的设备管线错综复杂

图6-13 裸露顶棚也是一种设计手法

2. 常见办公空间的顶棚形式

(1) 平整式顶棚

平整式顶棚的特点是顶棚表面为一个较大的平面或曲面（图 6-14）。这个平面或曲面可能是屋顶承重结构的下表面，其表面用喷涂、粉刷、壁纸等装饰，也可能是用轻钢龙骨纸面石膏板、矿棉吸声板、

图6-14　某公司办公空间门厅平整式吊顶设计

铝扣板等材料做成的平面或曲面形式的吊顶。

平整式顶棚构造简单，外观简洁大方，其艺术感染力主要来自色彩、质感以及灯具等方面的配置，它是一种常见的办公空间顶棚形式。

(2) 悬挂式顶棚

在承重结构下面悬挂各种折板、格栅或饰物，就构成了悬挂式顶棚。办公空间采用这种顶棚形式除了满足照明要求外，也为了追求某种特殊的装饰效果，例如在敞开式办公区里对局部区域的限定等。

悬挂物可以是金属、木质、织物，或者是钢板网格栅等。悬挂式顶棚使吊顶层次更加丰富，能取得较好的视觉效果（图 6-15 和图 6-16）。

(3) 分层式顶棚

办公空间的顶棚可以做成高低不同的层次，即分层式顶棚。在低一级的高差处常采用暗灯槽，以取得柔和、均匀的光线（图 6-17）。

分层式顶棚的特点是简洁大方，与灯具、通风口的结合更自然。在设计这种顶棚时，要特别注意不同层次间的高度差，以及每个层次的形状与空间的形状是否相协调。

(4) 玻璃顶棚

现代大型办公建筑的大空间，如门厅、展厅等，为了满足采光的要求，打破空间的封闭感，使环境更富情趣，除把垂直界面做得更加宽敞外，还常常把整个顶棚做成透明的玻璃顶棚（图 6-18）。

图6-15　用织物做成悬挂式吊顶

图6-16　悬浮吊顶使空间显得轻盈

玻璃顶棚由于受到阳光直射，容易使室内产生眩光和大量辐射热，而且一般玻璃易碎又容易砸伤人。因此，可视实际情况采用钢化玻璃、有机玻璃、磨砂玻璃、夹钢丝玻璃等。

图6-17　某公司门厅的分层式顶棚设计

图6-18　玻璃顶棚

在现代办公空间中，还常用金属板或钢板网作顶棚的面层，金属板主要有铝合金板、不锈钢板、镀锌铁皮、彩色薄钢板等。可以根据设计需要在钢板网上涂刷各种颜色的油漆；可根据需要在不锈钢板上打圆孔，这种形式的顶棚视觉效果丰富，颇具时代感（图 6-19）。

图6-19　某公司办公空间门厅顶棚设计采用钢板打孔的手法，颇具现代感

6.3.2　墙面装饰设计

室内墙面因与人的视线垂直而处于最明显的位置，因此应注意内容与形式的统一。办公空间的墙面设计是一个宽泛的概念，归纳起来主要表现在门、窗、壁、装饰壁画等方面。

1. 门的设计

门具有防盗、遮隔和开关空间的作用，除此之外，办公空间的门还有其他功能。首先是大门，本应是防盗性要求很高的，但因属门面，是“面子”的主体，故常常使用通透堂皇的大门。一般办公室的大门（除了个别特殊行业外）大部分都采用落地玻璃，或至少是有通透的玻璃窗的大门，其用意是让路人看到里面门厅的豪华装修和企业形象，起一定的广告宣传作用。如果希望加强其防盗性，可在外加金属门。

办公空间里室内间隔的门也是设计应重点考虑的方面，原因是现代办公空间的窗户多以玻璃幕墙形式出现，剩余的墙面被文件柜所占据，所以，立

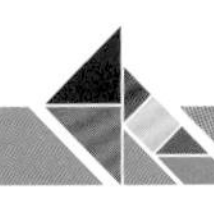

面的房间门往往会成为装饰的重点。房间门可按普通办公室、领导办公室和使用功能、人流量的不同而设计不同的规格和形式。办公空间门的常见形式有单门、双门、通透式、全闭式、推开式、推拉式、旋转式等（图 6-20 和图 6-21）。

图6-20 某广告公司的两间办公室具有从地面到顶棚通高的墙面和1.2m × 3m的旋转门

图6-21 绿色的门扇设计点缀了空间

在一个办公楼中，也许会有多种形式的门，但其造型和用色应有一个基调再进行变化，要在塑造单位整体形象的主调下进行变化和统一。

2. 窗户的设计

窗户的形式因直接影响整个建筑外观，故一般应由建筑设计来完成，但现代办公建筑的窗户的面积较大，往往以玻璃幕墙的形式出现，因此对室内装饰效果影响很大。现代办公空间内墙面可供装饰的部位不多，一组或一个造型独特的窗户会对整个室内环境的构成有重要的作用。在设计窗户时，应注意以下几点。

（1）结合办公空间的艺术表现风格，设计有特色的窗帘盒、窗台板，甚至是整个内窗套。

（2）选用与室内风格相匹配的窗帘。窗帘在材料和造型的选择上要符合办公空间的场所特点（图 6-22）。

图6-22 写字楼内办公空间常见的窗户设计

（3）利用窗台的内外放置盆栽植物，既利于植物生长，又使室内环境具有生态气息。

3. 墙壁的设计

现代办公空间中，窗户的面积很大，加上资料柜往往占据大部分的墙壁，真正留下的空白墙壁已经很少了，还要考虑在上面挂图表、图片、样品等。所以，在设计时，常常刻意地留下一些墙壁空间，即留白，使视觉上不觉得太拥挤（图 6-23 ~ 图 6-26）。办公空间的墙壁通常有三种：一是由于安全和隔声需要而做的实墙结构，材料常采用轻钢龙骨纸面石膏板

图6-23　全玻璃隔断营造了一种轻盈与通透

图6-24　玻璃的磨砂处理保证了一定的私密性

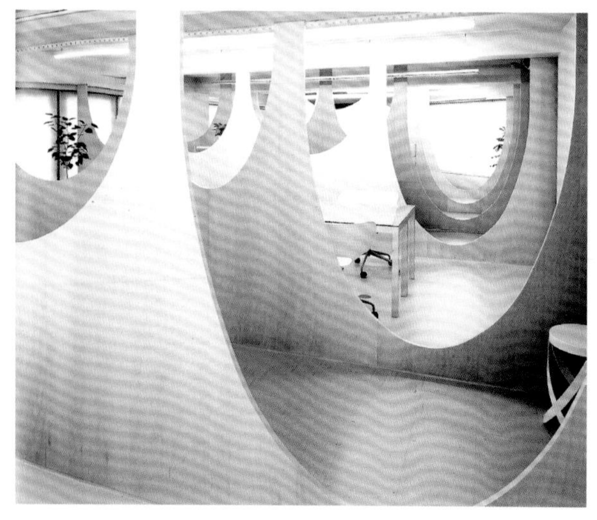

图6-25　造型别致的墙壁设计

图6-26　玻璃加线条的墙壁设计既通透又雅致

或轻质砖；二是整体或局部镶嵌玻璃的墙壁，有落地式玻璃间壁、半段式玻璃间壁、局部式落地玻璃间壁；三是用壁柜作间隔墙时的柜背板，但要注意隔声和防盗的要求。

玻璃墙壁在现代办公空间中很常见，其优点是：一是领导可对各部门一目了然，便于管理，各部门之间也便于相互监督与协调工作；二是可以使同样的空间在视觉上显得更宽敞。

以壁柜作间隔墙，既可以增加储放空间，又可以使室内空间更加简洁。办公空间的壁柜的主要功能是存放资料，所以在设计时要注意以下几点。首先，要弄清公司或企业存放文件与物品的规格与重量及其存放的形式。其次，常用的文件和物品需要一目了然，对外展示的文件和物品，要在壁柜上做专门的展示层格，或根据需要做展示的照明。最后，要重视壁柜的造型与形式。壁柜的门是构成环境气氛的重要因素，一组造型美观、色彩优雅的柜门，会给空间与环境增色不少。

4. 装饰壁画的设计

（1）壁画的设计

壁画通常应设在一些较宽敞并且人多的地方，如门厅、接待室等。办公空间所用的壁画虽然无任何形式和画种的限制，但应以装饰环境和有利于体现企业形象为目标。目前，办公空间较流行抽象的、韵律感强的装饰壁画，其优点是装饰性强，适合人们欣赏（图 6-27）。

图6-27　门庭接待台后的壁画运用了抽象风格

（2）壁饰的设计

壁画只能在大空间中设置，但在办公空间中还有许多不大的空间，可以设计一些装饰造型，对活跃空间气氛、提高环境装饰的格调是很有效的。此类装饰所占空间不大，但造型别致，有时还具有某种实用功能，如花架、电话台、报纸架、壁灯、宣传栏等（图 6-28）。

图6-28　红色壁灯起到很好的点缀作用

6.3.3　地面装饰设计

办公空间的地面设计首先必须保证坚固耐久和使用的可靠性；其次应满足耐磨、耐腐蚀、防滑、防潮、防水，甚至防静电等基本要求，并能与整体空间融为一体，为之增色。

1. 地面装饰设计的要求

进行办公空间的地面装饰设计时应考虑走路时噪声的减少，管线铺设与电话、计算机等的连接等问题。地面可为水泥粉光地面上铺优质塑胶类地毡，或在水泥地面上铺实木地板，也可以铺橡胶底的地毯并将扁平的电缆线设置于地毯下。智能型办公空间或管线铺设要求较高，应于水泥地面上设架空木地板或抗静电地板，使管线的铺设、维修和调整都比较方便。设置架空木地板后的室内净高也相应降低，但高度应不低于 2.4m。由于办公建筑的管线设置方式与建筑及室内环境关系密切，因此，在设计时应与有关专业工种相互配合、协调。

2. 地面装饰设计的常见类型

（1）铺天然石材或陶瓷地砖

用于室内地面装饰的天然石材有花岗岩、大理石、青石板等。花岗岩硬度较大，适合作地面材料；大理石硬度低但花纹漂亮，可作地面的拼花图案。用石材铺设地面的花纹自然、富丽堂皇、细腻光洁、清新凉爽（图 6-29）。在办公空间装修中，石材更多的是用在门厅、楼梯、外通道等地方，以提高装修的档次。

陶瓷地砖具有质地坚硬耐磨、花纹均匀整洁的特点，且造价远低于天然石材，在办公空间中用得较多。

图6-29　石材地面光洁凉爽

（2）铺木地板

木地板主要分实木地板、实木复合地板和复合地板，其中实木地板需要架空铺设。木地板多被用于高档和周围环境干净的办公室，因其吸潮和不易产生静电的好处，也常被用于计算机和高级设备室的地面。地面铺木地板外观清新优雅，隔热保温性能好，脚感舒适，给空间环境以自然、温暖、亲切的感觉（图 6-30）。

图6-30　某公司门厅地面铺设强化复合木地板

（3）铺地毯

地毯具有吸音、隔声、保温、隔热、防滑、弹性好、脚感舒适，以及外观优雅等使用性能和装饰特点，其铺设施工也较为方便快捷，最主要的是它非常适合办公空间，可在下面埋设电话线、网线等（图 6-31 和图 6-32）。目前，市场上地毯的品种主要有纯毛地毯、混纺地毯、化纤地毯等。

图6-31　地毯给办公环境增添了现代感

图6-32　地毯的拼花设计

（4）铺塑胶地板

塑胶地板是由人造合成树脂加入适量填料、颜料与麻布复合而成。目前，我国塑胶地板主要有两

种：一种为聚氯乙烯块材（PVC），另一种为氯化聚乙烯卷材（CPE）。后者的耐磨性和延伸率都优于前者。塑胶地板不仅具有独特的装饰效果，而且具有脚感舒适、质地柔韧、噪声小、易清洗等优点（图 6-33）。但其最大的缺点是不耐磨，所以一般只适合用于人员走动不多，或使用期限短的地面。

图6-33　蓝色的塑胶地板

（5）铺设抗静电地板

办公空间的计算机设备一般很多，因此可根据需要，选择铺设抗静电地板。抗静电地板的板基为优质水泥刨花板，四周为铝合金或防静电胶皮封边，表层为防滑高耐磨三聚氰胺防静电贴面，底面为铝箔或钢板。抗静电地板的架空高度一般为 0.4m 左右。架空层可进行管线布置或电气通信设备的装设等。

思考题

1. 办公空间装饰材料的选择需要注意哪些方面?
2. 办公空间的地面装饰设计有哪些常见手法?
3. 办公空间的顶棚装饰设计有哪些要求?
4. 办公空间常见的顶棚形式有哪些?

第 7 章 办公空间的设计流程

办公空间设计是一个理性的思考与有序的工作过程，正确的思维方法、合理的工作流程是完成设计任务的保证。办公空间的设计流程一般分为四个阶段，即设计准备阶段、方案设计阶段、施工图设计阶段、设计施工阶段。

7.1 设计准备阶段

设计准备阶段的主要任务是进行设计调查，全面掌握各种相关数据，为正式设计做准备。这一阶段包含以下四个方面的内容。

1. 了解委托方意向

如果事先了解了委托方的意向，在设计过程中就不会走弯路。了解是多方面的，主要包括以下几点。

(1) 充分了解用户的工作性质

不同的单位，由于业务性质不同，对办公空间会有不同的使用要求。如房产公司需要较好的展示与洽谈大厅，银行则需要设有豪华的门面、气派的大厅和牢固安全的营业柜台，而一些贸易或技术服务的公司，则常把客户接待室和业务室看得同样重要。另外，不同的单位还会有不同的资料存储方式和工作方式。对于这些情况，应做好详细的记录，以缩小理解与实际要求的距离。

(2) 了解委托方预计投资和项目完成的期限

任何设计项目都受到资金投入的制约，设计应根据资金的情况准确定位。在知道委托方的预计投入后，设计者可对装修的档次和大概用料做设想，以缩小双方理解和想象的差距。

委托方从经营和效益的角度考虑，通常会严格控制项目设计及施工的期限，设计者应合理计划和安排设计和工程进度，在可能的情况下应尊重委托方对工期要求的意见。

(3) 了解委托方审美倾向

因为设计最终是为委托方服务的，所以与委托方交谈的过程既是了解其审美情趣的过程，也是因势利导、发挥设计者想象力和说服力、影响和提高委托方审美的过程。

2. 了解机构职能

设计者还应了解办公空间使用方的机构整体运作方式和实现其职能的过程，了解机构内部各部门的组织结构、具体功能、分工及配合关系。这是办公空间的整体规划和功能空间布局的依据。

3. 施工场地勘测

设计者应亲临施工场地进行现场勘测，了解地理、建筑环境和各个空间的形态与衔接关系。建筑图与工地不但在尺寸方面会有差距，就是再翔尽的建筑图也难以把各种梁柱和排污等设施标得清清楚楚，而了解这些却是设计的先决条件。另外，还应仔细考察建筑的结构，考虑将来装修结构的固定和连接方式。

4. 制订设计计划

经过与委托方沟通取得共识后，可接受任务委托书、签订合同、制订设计进度安排、确定收费标准和方法等内容。

7.2　方案设计阶段

经过实地测研和与委托方交谈后，设计者基本掌握了设计内容的相关情况。在签署设计施工合同或委托书后（招标工程例外），就可以开始考虑设计方案了。

方案设计阶段是在设计准备阶段的基础上进一步收集、分析、运用与设计任务有关的资料与信息，然后构思立意，进行方案设计。设计者头脑中的空间构思最终是通过方案图表现出来，展示在设计委托者面前。

1. 资料分析

资料分析包括两部分内容。

（1）项目分析

在进行设计之前，一定要明确设计任务的要求，对设计项目深入分析，不仅会使设计取得成功，而且达到事半功倍的效果。

对项目进行分析，首先要明确该设计项目的使用性质、功能特点、设计规模、等级标准、拟投入的资金情况等；其次要确定采用何种室内环境氛围或艺术风格等。

（2）调查研究

设计项目的分析与调查研究的关系密不可分，调查研究可从以下几个方面入手。

① 设计现场实地考察，明确现场地理方位、交通状况以及建筑结构状况。

② 材料市场情况调查，明确拟选用材料的可行程度以及种类与价格。

③ 实地考察同类室内空间的使用情况，增强感性认识。

④ 查阅相关资料，寻找设计依据和灵感。

2. 确定初步方案

方案设计过程是一种依靠科学和理性的分析来发现问题，进而提出、解决问题的艺术创造过程。从设计者思考的角度分析，这一过程的思维方法要注意以下几点：一是从大处着眼，细处着手；二是先从里到外，再从外到里；三是意在笔先或笔意同步。一套方案图应该包括以下方面。

（1）平面图，常用比例为 1:50、1:100。

（2）立面图，常用比例为 1:20、1:50。

（3）顶面图，常用比例为 1:50、1:100。

（4）室内透视效果图。

（5）材料样板图和简要的设计说明。

工程项目比较简单的可以只要平面图和透视图。

方案图要能正确地传递设计概念，因此，平、立面图除了要求绘制精确、符合国家制图规范外，还要表现包括家具和陈设在内的所有内容，精致的图纸甚至可以表现材质和色彩；透视图则要借助各种表现手法，能够真实地再现室内空间的实际景况。

3. 编制装饰概算

概算是建筑单位和施工企业招标、投标和评标的依据。装饰工程应采用以下方面来编制装饰工程的概算。

（1）定额量：是指按设计图纸和概预算定额的有关规定确定主要材料的使用量和人工消耗量。

（2）机械费：是指按定额的费用所测定的系数并计算调整后得到的费用。

（3）市场价：材料价格、工资单价均按市场价计算，粘结层及辅料部分价值自行调整。

（4）总造价：由定额量、市场价确定工程直接费，并由此计算企业经营费、利润、税金等，汇总计算出工程的总价格。

4. 方案的修改与确定

委托方会对初步方案进行一审或二审。在这一阶段，设计者要善于将设计思想跟甲方进行沟通。初步方案经过修改调整后会逐渐成熟，为后期深入设计做准备。

7.3　施工图设计阶段

设计方案经委托方通过后，即可进入施工图设计阶段。

1. 深入设计

根据审查意见，对方案需要做进一步的深化。按照空间总体构想，对室内的家具、照明、设备以及艺术品做深入设计，对它们的造型、质地、工艺、色彩和选用型号等具体细节需要仔细推敲。

2. 施工图设计

施工图设计要标准规范，因为图纸是施工的唯一科学依据（图 7-1 ～图 7-8）。一套完整的施工图包括平面图、顶面图、立面图、剖面图、节点详图、大样详图、水电布局图等。

与方案图不同的是，施工图里的平、立、顶面图主要表现地面、墙面、顶棚的构造样式、材料分界与搭配比例。顶面图上要标注灯具、供暖通风、消防烟感喷淋、音响设备等各类管口的位置。

施工图里的剖面图应详细表现不同材料与材料之间、材料与界面之间的连接构造。

施工图里的详图分为节点详图和大样详图。节点详图是剖面图的详解，其细部尺寸多为不同界面转折和不同材料衔接过渡的构造表现，常用比例为 1 : 1 ～ 1 : 10。大样详图多为平立面图中特定装饰图案的施工放样表现。自由曲线多的图案需要加注坐标网格。

施工图完成后即可进入工程的施工。工程施工期间，有时还需要根据现场实况对施工图纸做局部修改或补充。

某集团企业办公空间平面图1：100

图7-1　某集团的办公空间平面图

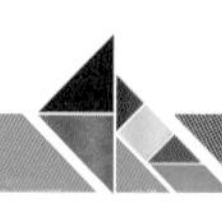

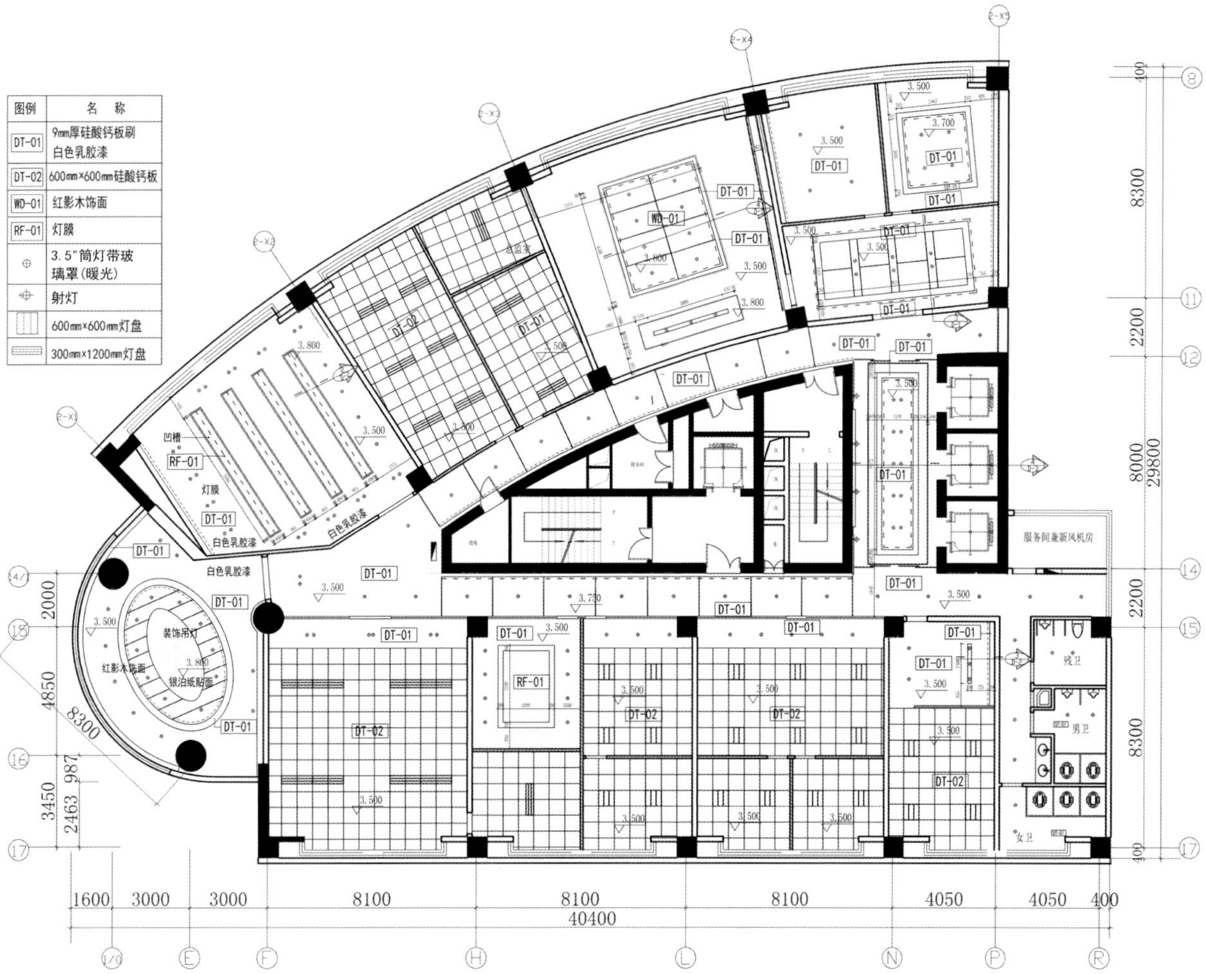

图例
名 称
DT-01
9mm厚硅酸钙板刷白色乳胶漆
DT-02
600mm×600mm硅酸钙板
WD-01
红影木饰面
RF-01
灯膜
3.5"筒灯带玻璃罩(暖光)
射灯
600mm×600mm灯盘
300mm×1200mm灯盘
凹槽
灯膜
白色乳胶漆
装饰吊灯
红影木饰面
银泊纸贴面
服务间兼新风机房
残卫
男卫
女卫
1600
3000
3000
8100
8100
8100
4050
4050
400
40400
8300
2200
8000
29800
2200
8300
2000
4850
3450
2463
987

某集团企业办公空间顶面图1：100

图7-2　某集团企业办公空间顶面图

6240
495
565
340
500
1020
400
1020
500
340
565
495
300
400
400
3300
2050
150
A
造型吊顶
12mm玻璃
30mm不锈钢条
红胡桃饰面
等离子电视
米黄色肌理漆
30mm不锈钢条
10mm勾逢
红胡桃饰面板
黑胡桃踢脚线

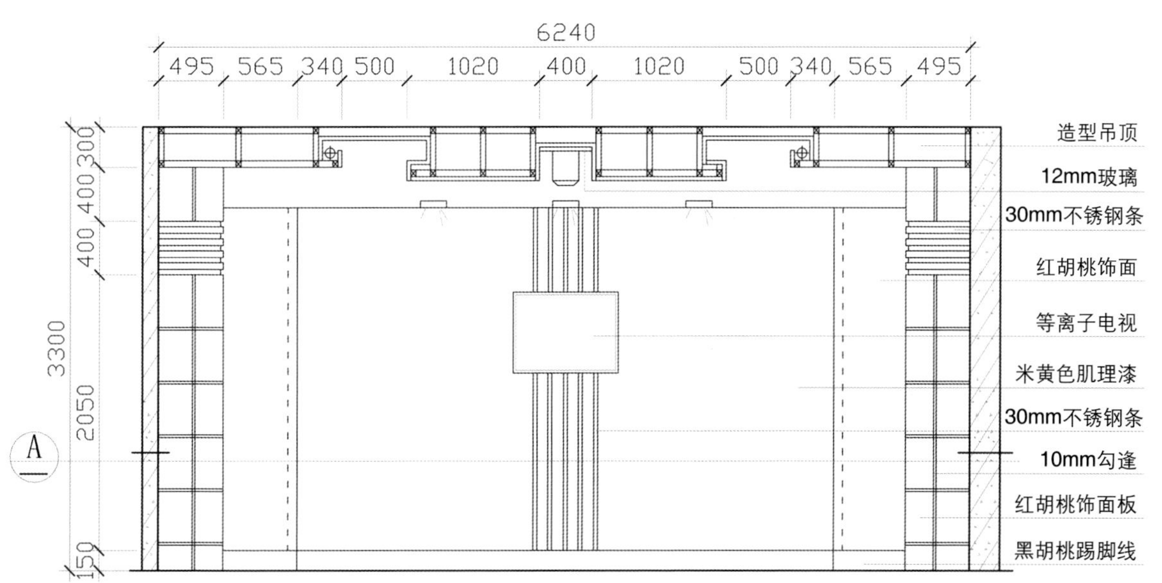

大会议室立面图1：50

图7-3　某集团企业办公空间立面图（1）

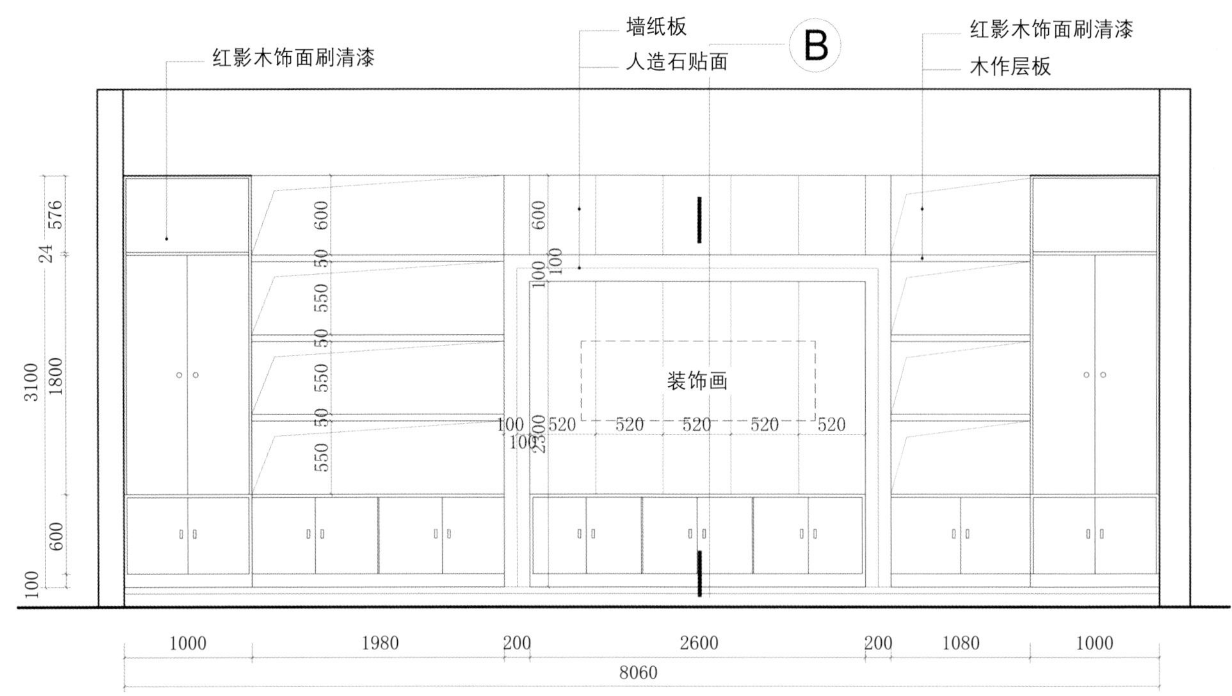

图7-4　某集团企业办公空间立面图（2）

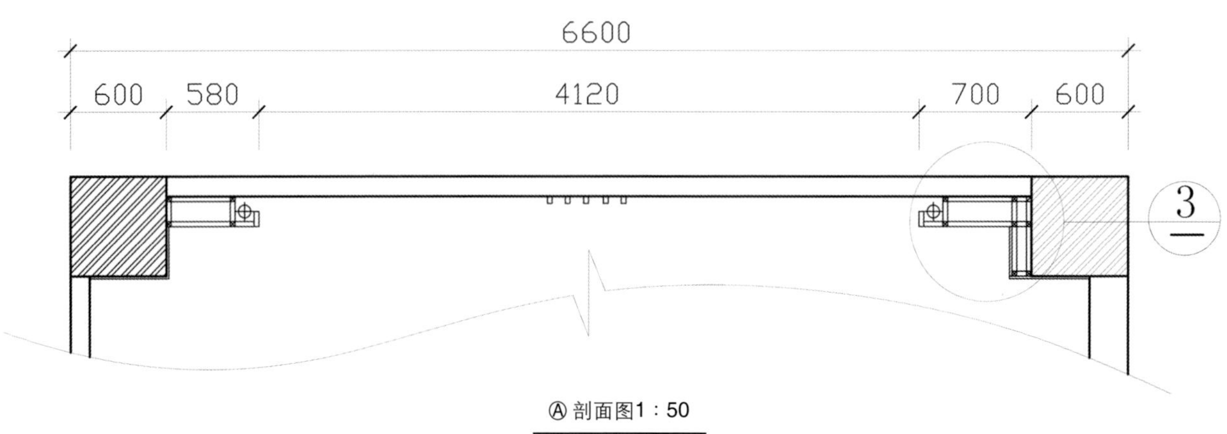

图7-5　某集团企业办公空间A剖面图

3. 编制施工说明

在完成施工图设计以后，就要编制施工说明。除了说明项目名称、建设单位名称、建筑设计单位名称外，主要根据以下内容进行编制。

（1）设计依据。

（2）工程项目概况。

① 项目概况。

② 建筑装饰装修设计的范围和主要内容。

③ 本工程的建筑防火分类、耐火等级和民用建筑室内环境污染控制分类。

④ 需要介绍的其他情况。

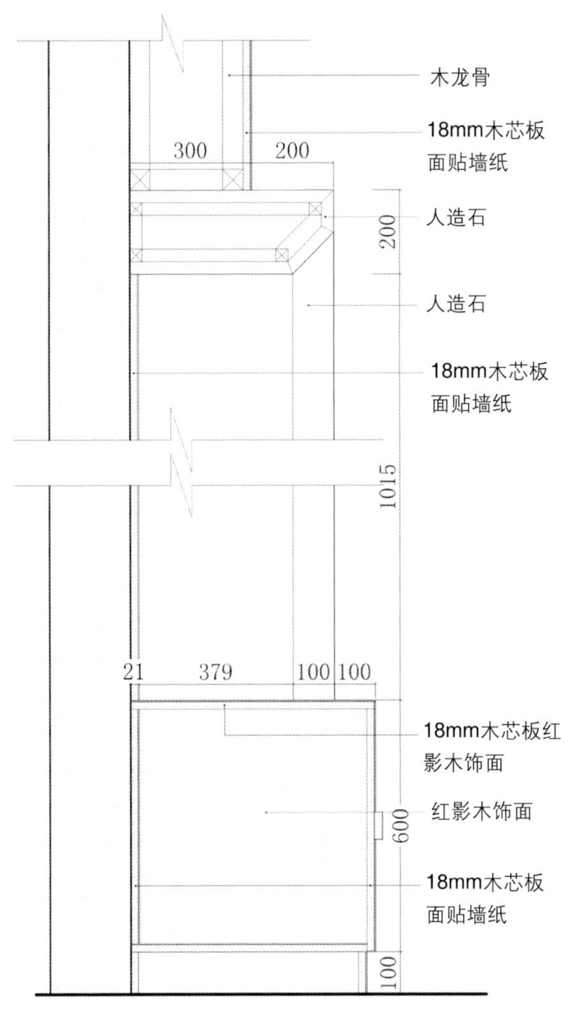

图7-6　某集团企业办公空间B剖面图

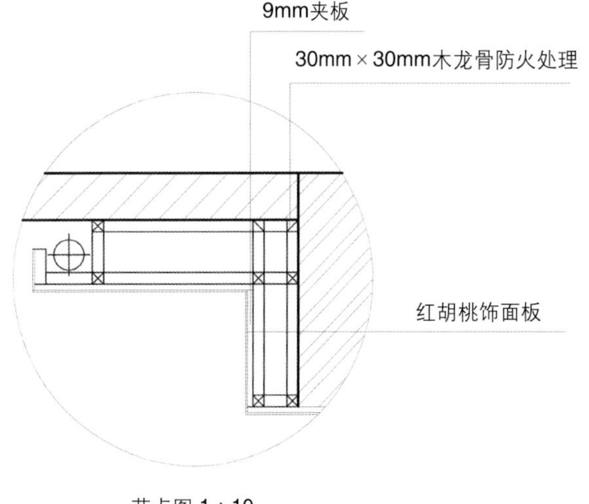

图7-7　某集团企业办公空间节点详图

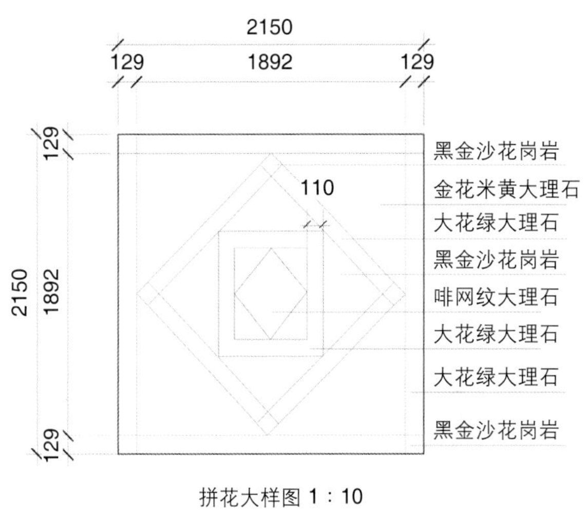

图7-8　某集团企业办公空间地面拼花大样详图

(3) 设计说明。

① 一般说明。

② 内隔墙工程设计。

③ 顶棚工程设计。

④ 地面工程设计。

⑤ 门窗工程设计。

⑥ 照明工程设计。

⑦ 声环境工程设计。

⑧ 楼梯、踏步、栏杆设计。

(4) 装饰装修材料选用要求。

(5) 施工说明。

① 一般说明。

② 施工安全要求。

③ 室内环境污染控制。

(6) 图纸说明。

4. 编制施工图预算

施工图设计阶段应编制施工图预算，其造价应控制在批准的初步设计预算造价之内，如超过时，应分析原因并采取措施加以调整或上报审批。施工图预算是建筑单位和施工企业签订承包合同、拨付工程款和工程结算的依据，也是施工企业编制计划、实行经济核算和考核经营成果的依据。

施工图预算一般由设计单位编制。编制的方法是：根据施工图设计、预算定额（基础定额）规定的项目划分、计量单位及工程量计算规则，分部、分项地计算工程量，并按有关价格、取费标准等进行编制。预算编制的步骤如下。

（1）准备资料，熟悉施工图纸。

（2）计算工程量。

（3）确定基础定额，计算人工、材料、机械数量。

（4）根据当时、当地的人工、材料、机械单价，计算并汇总人工费、材料费、机械使用费及直接费总值，得出单位工程直接费。

（5）计算其他直接费、现场经费、间接费、利润和税金，并进行汇总，得出单位工程造价（价格）。

（6）复核。

（7）编写说明。

7.4 设计施工阶段

设计施工阶段也是工程的施工阶段。施工是实施设计的最终手段，施工质量的优劣又直接关系到设计的最终目标，切不可忽视。

办公空间的工程项目在施工前，设计师应向施工单位进行设计意图说明和图纸的技术交底；工程施工期间还应该定期到工程现场了解施工进度，并按图纸要求核对施工情况。施工现场往往有不可预见的问题，设计师有时还需要根据现场的实际情况提出对图纸的局部修改或补充。施工结束时，设计师会同质检部门和建设单位按图纸进行工程验收。

办公空间设计工程涉及的设备安装施工较复杂，如照明设备、空调设备、消防设备、用水设备、办公设备等。设备安装除了按各自的技术标准执行以外，很重要的一点是各专业之间的协调问题，各技术小组必须互相理解、支持与配合，才能实现设计方案的整体效果。因此，设计师应该具备良好的沟通与协调能力，能与其他专业技术人员密切配合，以保证设计方案的顺利实施和实现（图 7-9 和图 7-10）。

只有把设计与施工作为设计方案实现的一个整体来运作，才能保证设计构想的实现和施工的质量。

图7-9　某公司办公空间

图7-10　办公空间里的会议室设计

思考题

1. 在方案设计前了解委托方的意愿有哪些作用？
2. 施工图设计阶段包括哪些图纸内容?
3. 设计概算和施工图预算的区别是什么?
4. 简述设计施工阶段在方案设计中的重要性。

第 8 章 办公空间的装饰工程与预算

在办公空间的装饰工程中，设计方案的实施离不开装饰材料、装饰施工和装饰预算，只有准确地掌握有关材料的知识，正确地选择和使用这些材料，并且熟悉施工工艺流程和装饰预算，才能更好地表达设计构思。

8.1 装饰材料的组织设计原则

目前，我国装饰材料市场的装修材料品种繁多，如何选择、组织才能更好、更准确地表达室内设计理念，这是设计师必须面对的问题。不同材料有不同的品质，而同种材料因其加工方式的不同，也表现出不同的材料质感；同时不同的材料组织，甚至同一种材料的不同组织方式也可能会产生风格各异的效果。

装饰材料是构成室内环境艺术表现力的载体。能否正确应用装饰材料，将会影响到空间的使用功能、表现形式、装饰效果和耐久性等诸多方面，同时还会直接关系到装饰设计及其施工的成败。因此，熟练掌握装饰材料的运用原则，对于设计师来说至关重要。

办公空间的室内材料组织设计具有一定的原则性可循，首先应寻求其整体感，遵循整体性原则；其次应遵循对比性原则以及平衡性原则、秩序性原则、点睛原则以及习惯性原则和经济性原则。以上这些原则性也适合其他类型的空间设计。

1. 整体性原则

自然界的一切事物（也包括人自身）都处于一个有机、和谐的统一体中。室内环境的材料组织设计也是如此，其设计就是将各种材质有机地组织起来构成一个和谐的整体，而且每一种材质对塑造室内环境的气氛都要起到一定的作用（图 8-1）。

图8-1 和谐

整体性原则是室内环境材料组织设计时必须遵循的根本原则，这一原则包括两个方面的意义：第一个方面是由材质本身所构成的系统所表现出的整体感觉；第二个方面是材质与构成室内环境的其他要素之间的相互协调性。

材质所表现出的整体感觉是因材质组织不同而产生的不同情感内涵。一般来说，采用粗糙材质的

组合方式，能使人感受到粗犷、刚毅与豪放的感觉；而细腻的材质组合则给人以简洁的感觉，通过简洁来突出空间、光影、色彩的变化。另外，光泽度较高的材质组合给人以兴奋感，而无光泽的材质给人以平静的放松感。柔软的材质赋予室内环境更多的感性成分，而坚硬的材质则赋予室内环境更多的理性成分。若材质组合使用的材质品种较多，室内的气氛会显得热烈，相反则显得宁静。在材质组合上，若采用具有对立性格特征的材质组合时，会感觉到活泼、生动的空间气氛；若使用同一种材质或性格特征近似的材质组合时，则室内环境气氛会显得稳健。

室内环境材料组合设计应遵循的整体性原则还体现在材质与构成室内环境的其他要素如空间、光影、色彩之间的协调性上。一般来说，材质的相对尺度可以影响空间中一个界面的形态和位置，改变原有的空间感。如粗糙的质地可以使一个界面感觉更近，从而减小了界面的尺度感，加大了它在视觉上的重量感。因此，较小的室内空间不宜选择粗糙的石材或砖作为墙面装饰材料，以免显得空间更小；通常应选用质感较为细腻的乳胶漆、涂料或墙纸来处理墙面，这样可以得到较好的效果。具有方向性纹理的材质能强调出一个面的长度或宽度，所以在采用有较强方向性纹理的材质时，应考虑它对空间尺度的影响，如采用有竖向纹理的墙纸可以使房间更高，采用有横向纹理的墙纸则可以增加房间的进深感等。另外，光线能影响人对质地的感受，一般来说，直射光线斜射到有实在质地的表面上，会提高其视觉质感，而漫射光则会弱化材料的视觉质感。反过来光线也受到它所照亮的质地的影响，如白色无光泽表面能表现出强烈的光影效果，甚至在阴影中还能看到有微差的明暗变化关系。而粗糙的表面吸收并扩散光线，因此较同类色彩的光滑表面更暗。

在室内材料组合设计时，还应注意材质的变化与色彩的变化成对立关系。空间中的色彩变化越丰富，材质的变化应越简洁。若材质变化越丰富，则色彩应趋向于同类色或近似色，即色彩的变化要少，否则人的视觉会受到多重信息的影响而产生混乱感。

2. 对比性原则

没有质感变化的空间是乏味和单调的，在一定程度上追求质感的变化可使室内空间环境变得丰富而有趣（图 8-2）。如在抛光的花岗岩或玻化砖地面上铺一块面积不大的地毯，这种材质的软硬对比可使原有空间环境平添一种温馨的气氛（图 8-3）。这种处理方法常常用于休息区的空间划分。材质对比的组合，除了坚硬与柔软的组合外，还有平滑与粗糙、光亮与灰涩、透明与不透明等多种组合方式（图 8-4）。值得注意的是，在运用材质的对比组合时，应特别注意色彩和面积的影响。若室内环境的颜色较为丰富时，应减弱材质之间的对比，否则易使室内产生凌乱的感觉。另外，在材质的对比组合上应注意使某一种材质面积相对较小，以达到强调的效果。

但过分的对比可能产生不协调。若用于对比的材质存在某种共同特征，诸如光泽度、色彩或相似的视觉重力感，那么它们之间就存在一定的和谐性，使得对比材质组合容易获得一种整体感。

图8-2　不同材料的肌理对比

图8-3　会议区在地面上铺设了一块工艺地毯，既形成材质的对比，又提升了空间品位

图8-4　平滑与粗糙的对比

3. 平衡性原则

平衡作为形式美的法则之一，在室内装饰材料组合中的应用是十分突出的。使用具有明显性格差别或对立的材质组织时，就需要运用平衡性原则对其位置关系、面积和形状进行变化，以保持它们在视觉上的平衡。一般来说，有一定视觉重量感差异的材质搭配使用时，上轻下重可取得安定感，上重下轻则有动感或不安全感。另外，视觉感较重的材料面积应相对小些，而视觉感较轻的材料面积可大些，这样易于平衡（图 8-5）。例如，将粗糙的材质与细腻的材质组织使用时，粗糙材质面积较细腻材质面积小时易于取得平衡；再如，光亮的材质与灰涩的材质搭配时，光亮的材质面积较小时易于取得视觉上的平衡性。

4. 秩序性原则

秩序性原则即是使所用的几种材料间建立起一定的秩序性。秩序性可以表现为有节奏变化的秩序性，如将两种以上的材质作为一个单元按一定的方向进行重复，形成有节奏变化的秩序感，这种秩序感具有视觉上的运动性（图 8-6）。秩序性也可以表现为渐变的秩序性，如将三种以上的材质根据其某一方面的特征（如视觉的重量感、光泽度、粗糙度或软硬度），按一定的级差进行排列，则可形成等差或等比的、有渐变的秩序性，这种秩序性较节奏变化的秩序性更为生动。

图8-5　过道地面镶嵌的黑色地砖使整个空间获得平衡感

图8-6　秩序性使空间变得更生动

5. 点睛原则

点睛原则即利用高反光或折光材料来增强材质组合的表现力，可起到画龙点睛的作用。如以金属螺钉固定石材，同时采用玻璃来划分空间，这种多重材质对比的方式塑造出一种精致典雅的空间气氛，给人们技术与艺术相结合的美感。一般在漫射光的作用下，光亮的表面会出现强烈的反光。若光亮的表面是曲面或折面，那么光源位置的微小变动都会在其转折处引起一系列光影变化，从而表达出一种闪烁、变幻莫测或华丽的感觉。

高反光材料有金属、玻璃、水晶制品等，由于其材质的不同表现出的感情色彩也是有所差别的。金、铜或钛等金属的反光充满着感性的色彩，给人一种辉煌的感觉，若与暗色调的材料共同使用，更能体现它的特点。银或不锈钢的反光色偏冷，充满着理性的色彩，透出一种高雅而庄重的气氛（图 8-7）。玻璃则给人晶莹、纯净、清凉的感觉（图 8-8）。

在室内环境的材质组合中，高反光材料一般只用作点缀来使用，可加镶边或包柱等。但是，它不宜大面积使用，否则会出现眩光，影响材料美感的发挥，减弱视觉效果。

6. 习惯性原则

在室内空间环境的材料组合设计中，在充分发挥材料的美感作用的同时还应尊重人们对材料组织的习惯性心理。与习惯性心理相悖的材料组织必然会影响材料美感的发挥。因此，在材料组合设计中还应遵循习惯性原则。

在室内环境中，材料的分布受到功能和技术性的约束而呈现出一定的规律性。这种规律性为人所接受并表现为在材料使用和组合上的习惯性心理。如石材一般用于地面、墙面、柱面门套等部位，若顶棚使用石材则有悖人的习惯心理，让人产生不安定感。

图8-7　某高科技公司的过道设计，玻璃与金属的搭配极具现代感

图8-8　玻璃、金属、石材塑造的简约风格

习惯性原则还表现为对真实和自然的崇尚。人们通常对自然材料有一种亲切感，往往认为自然材料所构成的材质组合关系有天然性、和谐性，所以在选择材质的组合时采用自然材料的材质组合更易获得用户的认同，也会产生良好的使用效果。

7. 经济性原则

经济性原则主要体现在“精心设计、巧于用材、优材精用、普材新用”这几个方面，提高经济性的关键在于巧妙用材，用普通材料来塑造新颖的视觉形象（图 8-9 和图 8-10）。

图8-9　混凝土圆柱给人素雅、自然的感觉

图8-10　简单的装饰材料创造一种简约之美

从心理学来说，新颖的形象易于为人所感知，从而增强空间环境的艺术感染力，要达到这一点，往往要求室内设计师有较高的艺术修养和职业素养。室内环境材料组织的优劣也反映出一个设计师的艺术修养和职业水平的高低。从某种意义上来说，经济性是评价室内环境材料选用是否得当的标准。

8.2　办公空间常用的装饰材料与施工工艺

根据办公空间装饰工程的各个组成部分，以下分别介绍各部分的常用装饰材料和施工工艺。

8.2.1　楼地面装饰工程

楼地面是底层地面和楼层地面的总称。在装饰工程中，楼地面是指在普通的水泥地面、混凝土地

面、砖地面以及灰土层等各种基层的表面上所做的饰面层。地面饰面要求有足够的强度和耐磨、防潮、抗腐蚀等性能，还需要符合隔音、保温、阻燃、防滑等构造要求。

楼地面在人的视线范围内所占的比例较大，因此，应在综合考虑诸多环境因素的前提下，精心设计并正确选择地面材料，以及它的质感和色彩。

(1) 隔声要求

隔声要求包括隔绝空气声和撞击声两个方面。当楼地面的质量较大时，空气声的隔绝效果较好，且有助于防止发生共振现象。撞击声的隔绝途径主要有两个：一是采用浮筑或所谓夹心地面的做法；二是采用弹性地面。第一个途径构造施工复杂，而且效果一般。第二个途径的弹性地面做法简单，而且弹性材料的不断发展为隔绝撞击声提供了条件。

(2) 吸声要求

一般来说，表面质密光滑、刚性较大的地面如大理石地面，对于声波的反射能力较强，吸声能力极小。而各种软质地面都可以起比较大的吸声作用，例如，地毯的平均吸声数达到 55%。因此，对于吸声要求较高的办公空间，应注意选择和布置地面材料。

(3) 保温性能要求

办公建筑的能耗非常大，因此考虑材料的保温性能，对于建筑节能至关重要。从材料特性的角度考虑，瓷砖地面、大理石地面等都属于热传导性较高的材料，而地毯、木地板、塑胶地板等属于热传导性较低的材料。从人的感受角度加以考虑，就是要注意人会以某种地面材料的导热性能的认识来评价整个室内空间的保温特性。因此，对于地面的保温性能的要求宜结合材料导热性能、暖气负载与冷气负载的相对份额的大小、人的感受以及人在这一空间活动的特性等因素来综合考虑。

(4) 满足装饰方面的要求

楼地面的装饰是整个装饰工程的重要组成部分，对整个室内的装饰效果有很大的影响。楼地面的装饰与顶棚的装饰能从整体的上下对应及上下界面巧妙的组合，使室内产生优美的空间序列感。楼地面的装饰与空间的实用机能也有紧密的联系。例如，室内行走路线的标志具有视觉诱导的功能。楼地面的图案与色彩设计对烘托室内环境氛围与风格具有一定的作用。

因此，地面的装饰设计要结合空间的形态、家具饰品的布置、人的活动状况及心理感受、色彩环境、图案要求、质感效果和空间的使用性质等诸多因素予以综合考虑，妥善处理楼地面的装饰效果和功能要求之间的关系。

以下分别介绍办公空间楼地面常用装饰材料与施工工艺。

1. 铺天然石材

1) 材料特点

用于办公空间楼地面装饰的天然石材主要有花岗岩、大理石等（图 8-11 和图 8-12）。

(1) 花岗岩。花岗岩俗称麻石，是由石英、长石和云母等矿物组成的火成岩，其化学成分以氧化硅为主，同时含有氧化铝、氧化镁、氧化铁等。因其形成温度高，各种矿物晶体结合紧密，故其质地坚硬，耐酸、碱、盐的腐蚀，具有较优异的耐久性（图 8-13）。由于花岗岩含有石英，在高温状况中会膨胀破碎；在氧化铁含量高时，表面会出现锈斑而影响其外观和材质。

天然花岗岩板材是用花岗岩材料加工制成的板状产品。按花岗岩饰面板材的表面效果和加工方法，可分为经研磨抛光的镜面板、无光平面粗磨板、用刨石机加工的机刨板和具有一定纹理或其他加工痕迹的剁斧板、锤击板、火烧板等（图 8-14 ～图 8-16）。

花岗岩在室内装饰中应用广泛，具有良好的硬度，抗压强度高，耐磨性和耐久性好，同时耐酸碱、耐腐蚀，表面平整光滑，棱角整齐，色泽显得稳重大方，是一种较高档的地面装修材料（图 8-17 和图 8-18）。

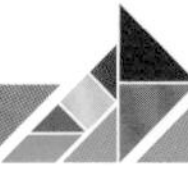

图8-11　青石板作地面材料

图8-12　天然石材地面

金钻麻

黄沙石

印度红

蓝珍珠

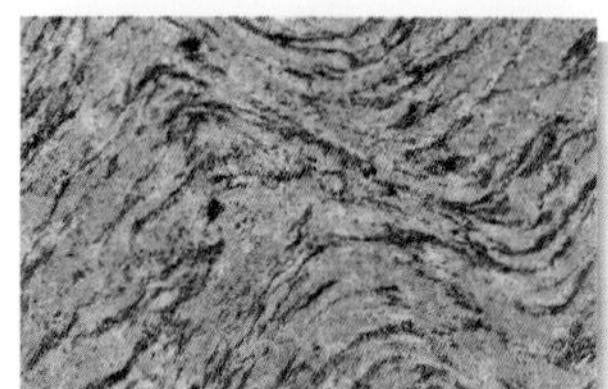

虎皮红

啡钻

红钻

积架红

幻彩绿

黑金沙

图8-13　常见花岗岩的品种

图8-14　抛光镜面板

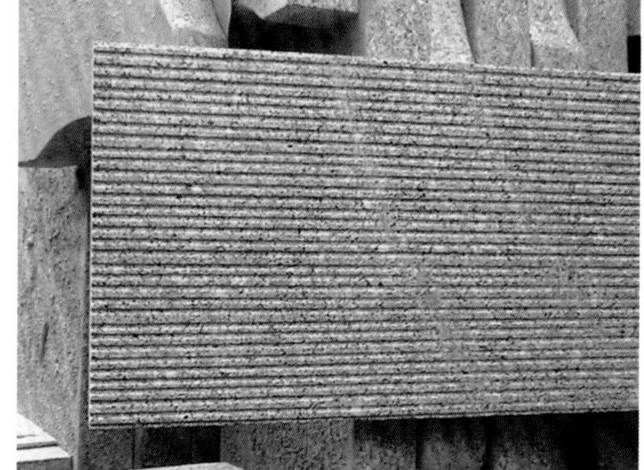

图8-15　机刨板

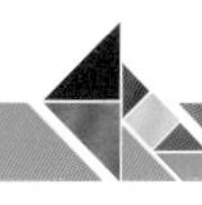

图8-16　火烧板

图8-17　地面采用黑色花岗岩，墙面采用米黄横纹石与横纹玫瑰木饰面板相结合

（2）大理石。大理石又称云石，因盛产于我国云南大理点苍山而得名，由方解石或白云石组成，含有碳酸钙、碳酸镁、氧化钙和二氧化硅等成分。较花岗岩硬度小，易于加工和磨光。一般情况下大理石板材不宜用于大面积室外饰面，空气中的二氧化硫对大理石影响较大，会使其表面层发生化学反应生成石膏而色泽晦暗，呈风化现象造成逐步破损。

图8-18　主要通道是抛光花岗岩铺地

天然大理石（图 8-19）的色彩纹理一般分为云灰、单色和彩花三大类。与花岗岩一样，可用于室内各部位的石材贴面装修，但其强度不及花岗岩，在磨损率高、碰撞率高的部位应慎重选择。大理石的花纹色泽繁多，可选择性强，分国产和进口多种。

天然石材地面花纹自然，富丽堂皇，细腻光洁，清新凉爽，在办公建筑中常用于大堂或门厅等公共空间的地面。花岗岩和大理石的常见规格厚度为 20mm，长和宽根据具体设计要求定制加工，常见的尺寸一般为 400mm × 400mm × 20mm、600mm × 600m × 20mm 等。

大理石、花岗岩在铺设中应附有地面装修的详图，详图中对石板的花色、规格、板缝的处理、楼地面的镶边图案造型等均要有具体设计和要求。这些设计和要求与地面的特点和艺术效果有直接的关联，施工时应严格按照设计图纸进行施工（图 8-20 和图 8-21）。

2）施工工艺

地面铺贴石材的施工过程如下（图 8-22）。

（1）板材在铺砌前，应选板试拼，进行编号，当板材有裂缝、掉角、翘曲和表面缺陷时应予以剔除。

新米黄
金丝米黄
大花白
木纹石
爵士白
橙皮红
挪威红
啡网纹
紫罗红
大花绿

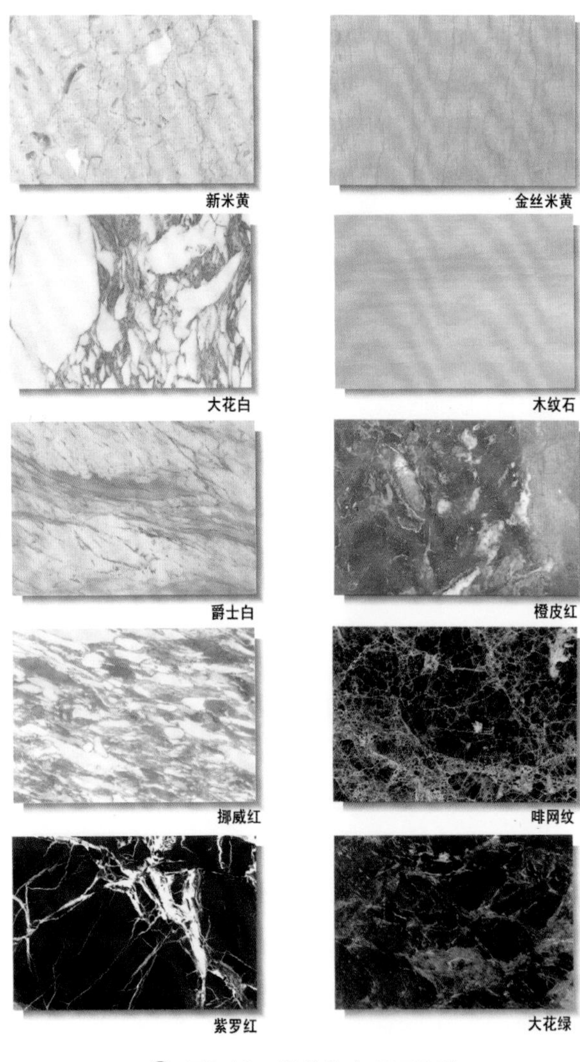

图8-19　常见的大理石品种

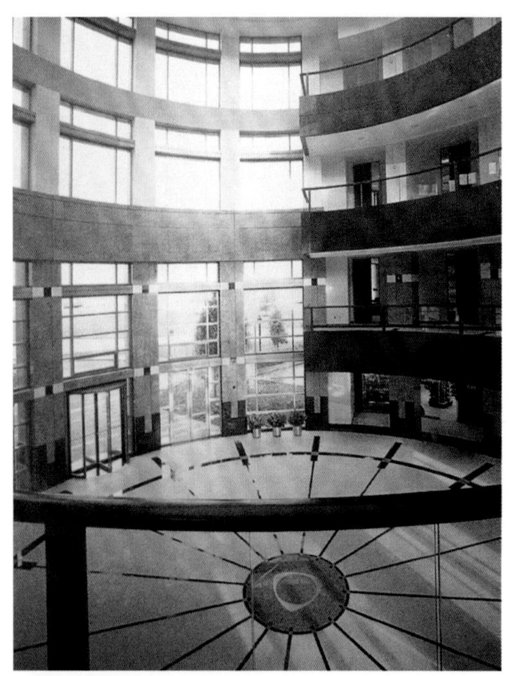

图8-20　中厅地面材料为花岗岩拼花

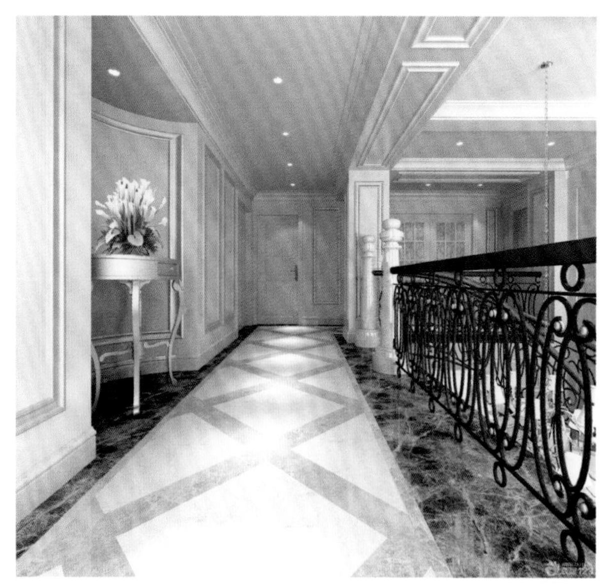

图8-21　大理石啡网纹用于楼道的镶边

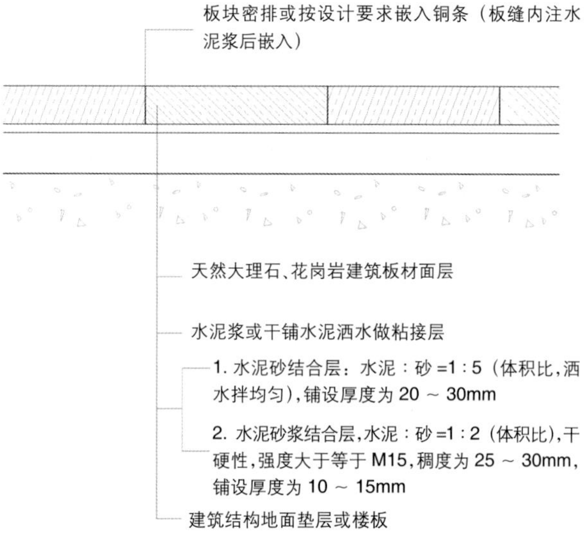

板块密排或按设计要求嵌入铜条（板缝内注水泥浆后嵌入）
天然大理石、花岗岩建筑板材面层
水泥浆或干铺水泥洒水做粘接层
1. 水泥砂结合层：水泥 : 砂 =1 : 5（体积比，洒水拌均匀），铺设厚度为 20 ~ 30mm
2. 水泥砂浆结合层，水泥 : 砂 =1 : 2（体积比），干硬性，强度大于等于 M15，稠度为 25 ~ 30mm，铺设厚度为 10 ~ 15mm
建筑结构地面垫层或楼板

图8-22　天然石材地面铺贴构造图

（2）对选好的板材浸水湿润、阴干待用。石材施工前应将板材浸水湿润，这是保证面层与结合层粘接牢固，防止空鼓、起壳的重要步骤。

（3）铺设结合层。结合层材料可采用 1: 2 的水泥砂浆，铺设厚度为 10 ~ 15mm。在结合层上均匀地撒上一层干水泥并淋一遍水，而板材要四角同时落地。相邻板材的纵横间缝隙应对齐，缝宽应小于等于 1mm。

（4）板材铺贴后的次日用水泥浆灌 2/3 缝深，其余用同色水泥浆擦缝。待板材的结合层的水泥砂浆达到设计强度后，方可进行打蜡。

2. 铺陶瓷地砖

1）材料特点

陶瓷地砖是黏土经过高温烧制而成的，它具有表面致密光滑、质地坚硬、耐磨、耐酸碱、防水性能好、色彩艳丽的特点。目前，常用于办公空间地面的陶瓷地砖有通体砖、抛光砖、玻化砖、仿古砖等。

（1）通体砖。通体砖是一种表面不施釉的陶瓷砖，它正反两面的材质和色泽一致，只是正面有压印的花色纹理（图 8-23）。通体砖属于耐磨砖，常用于厅堂、过道、卫生间和室外走道等装修项目的地面。通体砖常用的规格（长 × 宽 × 厚）有 300mm × 300mm × 5mm、400mm × 400mm × 6mm、500mm × 500mm × 6mm、600mm × 600mm × 8mm 等。

图8-23　多数的防滑砖都属于通体砖

（2）抛光砖。抛光砖是陶瓷地砖的一种，表面经过打磨而制成的一种光亮砖体。它的外观光洁、质地坚硬、耐磨，通过渗花技术可将它制成各种仿石、仿木效果。抛光砖的表面可加工成抛光、亚光、凹凸等效果(图 8-24)。抛光砖常用的规格(长 × 宽 × 厚)有 400mm × 400mm × 6mm、500mm × 500mm × 6mm、600mm × 600mm × 8mm、800mm × 800mm × 10mm 等。

（3）玻化砖。玻化砖又称全瓷砖，是使用优质高岭土强化高温烧制而成的，它的质地为多晶材料，主要由无数微粒级的石英晶体和石晶粒构成网架结构。玻化砖的质地比抛光砖更硬、更耐磨，是所有瓷砖中最硬的一种。玻化砖不但具有天然石材的质感，还具有耐磨、吸水率低、色差少、色彩丰富等优点（图 8-25 和图 8-26）。玻化砖的规格一般较大，通常规格（长 × 宽 × 厚）为 600mm × 600mm × 10mm、800mm × 800mm × 10mm 等。

（4）仿古砖。仿古砖是使用设计制造成形的模具压印在普通瓷砖或全瓷砖上，铸成凹凸的纹理而成，其古朴典雅的形式深受人们的喜爱。仿古地砖的颜色多为橘红、土红、深褐等，部分仿古砖砖块设计时还带有拼花效果，使视觉上有凹凸不平感，从而有很好的防滑性（图 8-27）。仿古砖常用的规格(长 × 宽 × 厚)有 300mm × 300mm × 5mm、600mm × 600mm × 8mm、800mm × 800mm × 10mm 等。

图8-24　光滑素雅的抛光砖地面与水泥柱形成一种肌理对比

图8-25　会客区的玻化砖地面

图8-26　门厅地面采用深浅玻化砖搭配

图8-27　仿古砖地面

2）施工工艺

地面铺贴地砖的施工过程如下（图 8-28）。

（1）铺贴前，应对砖的规格尺寸、外观质量和色泽等进行预选，并应浸水湿润后晾干。

（2）用 1∶2 的水泥砂浆在地砖背面和地面涂抹一层，厚约 10mm，地砖就位后用灰刀轻轻敲击地砖直到水平。在铺贴过程中地砖应紧密结实，砂浆应饱满，并严格控制标高。

（3）地砖的缝隙宽度应符合设计要求。留缝铺砌时，要求缝宽一致，一般为 5 ~ 10mm；碰缝铺砌时，缝宽应小于 1mm。

（4）地砖铺贴应在 24 小时内进行擦缝工作，一边处理砖缝一边清理残余水泥，并做好成品的保护。

3. 铺木质地板

1）材料特点

用于办公空间地面的木质地板主要有实木地板、实木复合地板和强化复合地板、竹地板等几大类。地面铺木质地板易清洁，不起灰，隔热保温，吸声性能好，脚感舒适，给空间环境以自然、温暖、亲切的感觉，特别是木质表面自然优美的纹理及色泽具有良好的装饰效果。

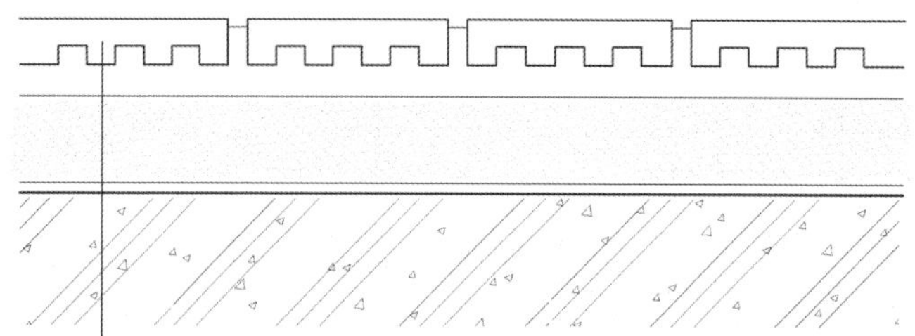

图8-28　地面铺陶瓷地砖的构造图

(1) 实木地板。实木地板是采用天然木材、经过加工处理后制成条板或块状的地面铺设材料，用料以阔叶木材为多，具有无污染、自重轻、弹性好、档次高、冬暖夏凉的优点（图 8-29 ～图 8-31）。实木地板常用于装修档次高的办公空间地面。实木地板分 AA 级、A 级、B 级三个等级，AA 级质量最高。实木地板的规格是根据不同树种来定制的，一般的规格是宽度为 90 ～ 120mm，长度为 450 ～ 900mm，厚度为 12 ～ 25mm。优质实木地板表面经过烤漆处理，具有不变形、不开裂的特点，其含水率控制在 10% ～ 15%。

图8-29　办公区的走道地面采用烤漆实木地板

图8-30　实木地板延伸到空间外

图8-31　地面采用方格杉木地板与蒙古黑烧毛地板相配合，表现出一种自然与休闲

(2) 实木复合地板。实木复合地板是利用珍贵木材或木材中的优质部分以及其他装饰性强的材料做表层，较差的木材做中层或底层，经高温高压制成的多层结构的地板。目前，市场上常见的实木复合地板主要分为三层实木复合地板、多层实木复合地板、新型实木复合地板。由于实木复合地板是由不同树种的板材交错层压而成的，因此，它克服了实木地板单向同性的缺点，其干缩湿胀率小，具有较好的尺寸稳定性，并保留了实木地板的自然木纹和舒适的脚感（图 8-32）。

图8-32　接待区地面采用实木复合地板

(3) 强化复合地板。强化复合地板是在原木粉碎后，添加胶、防腐剂、添加剂后，经热压机高温高压压制而成，因此它打破了原木的物理结构，克服了原木稳定性差的缺点。强化复合地板一般是由

耐磨层、装饰层、高密度基材层和平衡（防潮）层（图 8-33）复合组成。强化复合地板规格统一，强度和耐磨系数高，防腐、防蛀而且装饰效果好，克服了原木表面的疤节、虫眼、色差问题。强化复合地板无须上漆打蜡，易打理，是最合适现代办公空间的地面木质材料（图 8-34）。

图8-33 强化复合地板

图8-34 会客区地面为强化复合地板

（4）竹地板。竹地板是近几年才发展起来的一种新型地面装饰材料，它以天然竹子为原料，经过高温高压拼压而成（图 8-35）。竹地板以其天然赋予的优势和成型之后的诸多优良性能给办公空间设计带来一股绿色清新之风。

竹地板的常用规格（长 × 宽 × 厚）有 915mm × 91mm × 12mm、1800mm × 91mm × 12mm 等。

现在市场上出现一种竹木复合地板（图 8-36），是竹材与木材的复合品。竹木复合地板的面板和底板采用的是上好的竹材，而芯层多为杉木、樟木等木材，经过一系列的防腐、防蚀、防潮、高压高温处理而成的新型的复合地板。这种地板外观自然清新、韧性强、有弹性，同时结实耐用，脚感好，冬暖夏凉，适用于高档的室内地面装修。

图8-35 竹地板

图8-36 竹木复合地板

2）施工工艺

（1）地面铺设强化复合地板（或实木复合地板）的施工过程如下。

① 铺设前地面要平整、清洁、干燥。

② 将产品配备的塑料薄膜铺在地上，起到防潮的作用，同时增加地板的弹性，防止地板磨损。

③ 地板铺设时通常从房间较长的一面墙开始，也可在与光线平行的一边开始铺设。长条地板块的端边接缝，在行与行之间要相互错开。

④ 地板与墙（柱）面相接处不可紧靠，要留出 8 ～ 15mm 宽的缝隙，最后用踢脚板封盖此缝隙。

（2）地面铺装实木地板多要架空铺设，其施工过程如下（图 8-37）。

① 地面应平整、干燥。先在地面上钻孔打木楔，安装并固定用水柏油防腐处理后的木龙骨架，纵横间距为 300 ～ 400mm，与墙之间应留出 30mm 的缝隙。

② 可根据需要在木龙骨架上铺设一层九夹板，然后再安装实木地板。九夹板与木龙骨架呈 30° 或 45° 角，用地板钉斜向钉牢。九夹板板间缝隙不应大于 3mm，与墙之间应留有 10 ～ 20mm 的缝隙。

③ 将企口实木地板一块块排紧，可用地板钉固定在木龙骨架上，木地板的端头接缝应在木龙骨架上。条形木地板的铺设方向应考虑方便牢固、实用美观。对于走廊、过道等地方，宜顺着行走的方向铺设。室内房间铺钉宜顺着光线。在铺钉的使用方法上，有明钉和暗钉两种钉法。目前采用较多的是暗钉法，铺钉时，钉子要与表面呈 45° 或 60° 角斜钉入内。地板靠墙处应留 8 ～ 12mm 的缝隙，以防实木地板因排列得过紧膨胀而发生翘曲。

④ 企口地板铺好后，如果是素板，还需要刨平、磨光，然后装置木踢脚板，待室内装饰工程完工后，再进行油漆、上蜡；如果为烤漆实木地板，则不需要这道工序。

办公空间的某些计算机设备用房按要求需要铺设抗静电地板，也要架空铺设（图 8-38）。

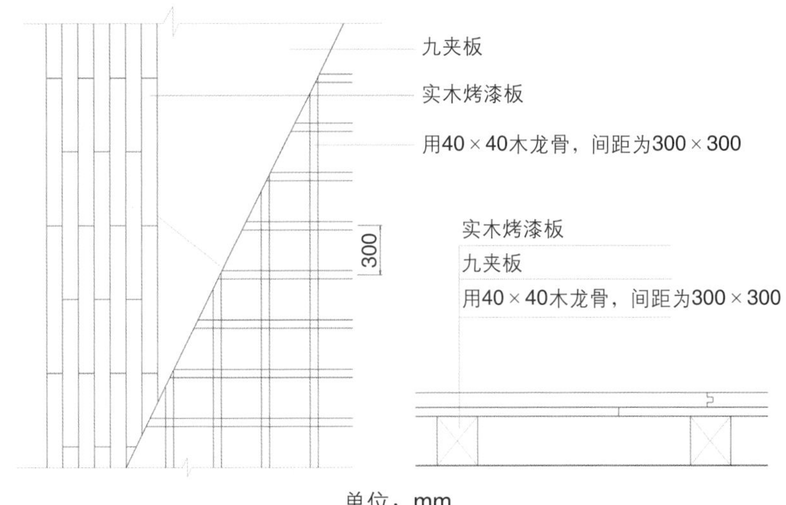

图8-37　地面铺实木地板构造图

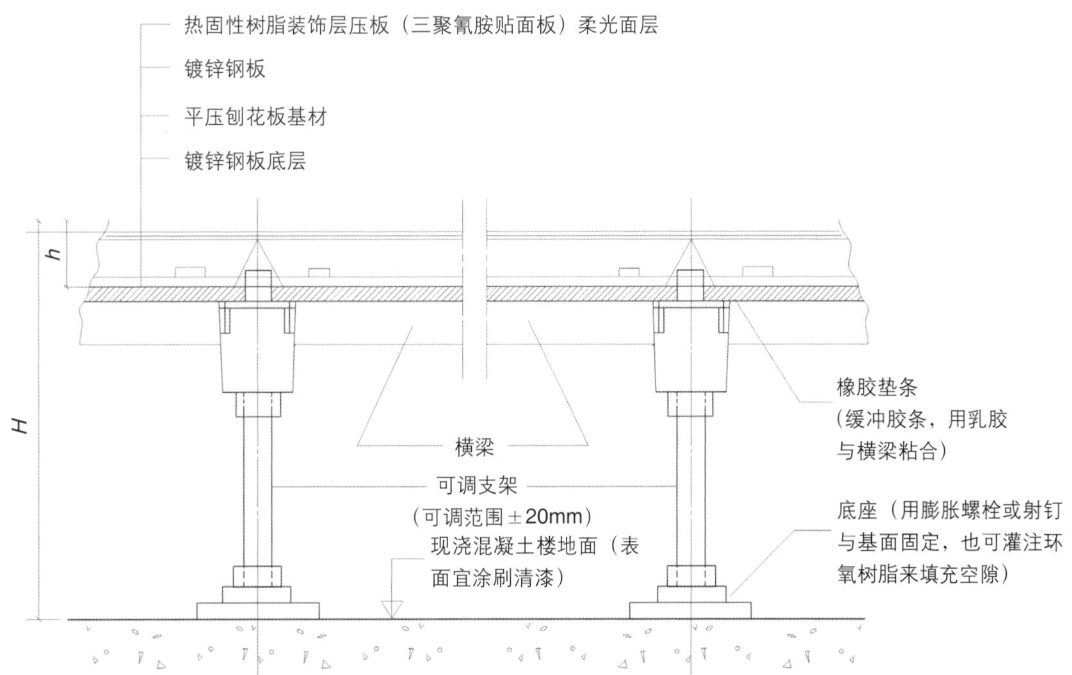

图8-38　地面铺设高架活动地板的构造图

4. 铺塑料地板

1）材料特点

塑料地板是指聚氯乙烯树脂塑料地板，具有防尘降噪、防静电、整体无缝、美观、耐磨、保温、易清洗等特点。此外，塑料地板易于铺贴，价格较为经济，有高、中、低三档可供选择，为不同的装修标准提供了较大的选择余地，是办公空间常用的地面装饰材料。新型塑料地板产品，不论是卷材还是半硬质板块，均与早期的同类产品有很大的改进。其艺术效果更丰富，可模仿织锦、地毯、木质地板和装饰石材的表面质感与纹理效果 （图 8-39 和图 8-40）。采用塑料地板来取代木材、石材等天然原料的地面材料，具有节约资源，促进环境保护的生态意义。

图8-39　会议室地面为塑料地板

图8-40　塑料地板

2）施工工艺

地面铺装塑料地板的施工过程如下。

（1）塑料地板基层一般为水泥地面，要求地面基层平整、坚硬、干燥、表面无油脂及其他杂质。

（2）塑料地板的板块应平整、光洁，无裂纹，色泽均匀，厚薄一致，边缘平直，板内不应有杂物和气泡。

（3）对塑料板块切割后作方格拼花铺贴的地面，在基层处理后应按设计要求进行弹线、分格和定位。按弹线定位图进行预拼试铺，然后按铺设顺序编号，为正式铺装施工做好准备。

（4）铺装施工的方式有如下两种。

① 直接铺贴，适用在人流量小及潮湿房间的地面，要求定位裁切、足尺铺贴。

② 胶粘铺贴，主要适用于半硬质塑料地板。胶粘铺贴采用黏合剂与基层固定，黏合剂的选择，应根据材料的种类、基层的情况等因素来考虑。粘接铺贴的施工过程是：先在清扫干净的基层表面涂刷一层薄而均匀的底子胶，待其干燥后，在基层表面及塑料地板背面涂刷黏合剂，按弹线位置沿轴线由中央向四周铺贴。铺贴后，用橡胶滚筒滚压，使表层平整、挺括，最后清理、打蜡、保养。

5. 铺设地毯

1）材料特点

地毯具有吸音、隔声、保温、隔热、防滑、弹性好、脚感舒适以及外观优雅等特点，其铺设施工也较为方便快捷，是办公空间常用的地面装饰材料（图 8-41 和图 8-42）。地毯按表面纤维状，可分为圈绒地毯、割绒地毯和圈割绒地毯三种。目前，市场上地毯的品种主要有纯毛地毯、混纺地毯、化纤地毯、剑麻地毯等。

图8-41　过道铺设地毯

图8-42 门厅地毯拼花设计

（1）纯毛地毯。纯毛地毯又称羊毛地毯，它毛质细密，具有天然的弹性，受压后能很快恢复原状；它采用天然纤维，不带静电，具有天然的阻燃性。纯毛地毯图案精美，色泽典雅，不易老化、褪色，具有吸音、保暖、脚感舒适等特点，是一种高档的地面装饰材料。它的缺点是抗潮湿性较差，容易发霉、虫蛀，从而影响地毯的外观，缩短其使用寿命。

(2) 化纤地毯。化纤地毯也称为合成纤维地毯，可分为尼龙、丙纶、涤纶和腈纶四种。其中，最常用的化纤地毯是尼龙地毯，它最大的特点是耐磨性强，同时克服了纯毛地毯易腐蚀、易霉变的缺点。它的图案、花色近似纯毛，但阻燃性、抗静电性要差一些。

（3）混纺地毯。混纺地毯以纯毛纤维与合成纤维混纺而成，它融合了纯毛地毯和化纤地毯两者的优点。混纺地毯在图案花色、质地和手感等方面与纯毛地毯相差无几，但在价格上，混纺地毯却比纯毛地毯更有优势。如果混纺地毯中的纯毛纤维在其中的比例为 80%，合成纤维的比例为 20%，那么它在耐磨度、防虫、防霉、防腐等方面都优于纯毛地毯。

（4）剑麻地毯。剑麻地毯是用天然物料编织成的新型地毯。剑麻地毯属于植物纤维地毯，以剑麻纤维为原料，经纺纱编织、涂胶及硫化等工序制成，产品分素色和染色两种。剑麻地毯具有抗压耐磨、耐温、吸音、不起静电、风格粗犷自然等特点，缺点是弹性较其他类型地毯差。

2）施工工艺

地毯的铺设方式有不固定与固定两种。地面铺设地毯的施工过程说明如下。

（1）不固定铺设。不固定铺设是指将地毯摆搁在基层上，不需要将地毯同基层固定，此铺设方法简单，更换容易。不固定铺设一般有两种情况：一是采用装饰性工艺地毯，铺置于较为醒目的部位，形成烘托气氛的虚拟空间；二是指大幅地毯预先缝制连接成整块，浮铺于地面后自然敷平并依靠家具或设备的重量予以压紧，周边塞紧在踢脚板下或其他装饰造型物体下。

（2）固定式铺设。

① 地毯铺设前，要求地面干燥、洁净、平整，表面无空鼓或有宽度大于 1mm 的裂缝。

② 测量房间的地面尺寸，确定铺设方向。裁剪地毯，每段的长度应比实际需要的尺寸长出 20mm，宽度以裁去地毯边缘后的尺寸计算。按房间和地毯位置尺寸编号统一记录。

③ 用涂黏合剂的玻璃纤维网带衬在两块待拼接的地毯下将地毯粘牢，按此方法将地毯合拼成一整片。将地毯平放铺好后，用弯针在接缝处做正面绒毛的缝合，以不显拼缝痕迹为准。

④ 铺设房间踢脚板。踢脚板离开楼地面 8mm 左右，以便于地毯在此处掩边封口。

⑤ 沿房间四周靠墙脚处钉倒刺条板用来固定地毯。倒刺条板用水泥钢钉钉固于楼地面，为方便敲钉，应离踢脚板 8 ~ 10mm，倒刺条板上的斜钉应向墙面。

⑥ 将地毯的一条长边先固定在倒刺条板上，将其毛边掩入踢脚板下，用地毯张紧器对地毯进行拉伸，直至拉平张紧，将其余三边牢固稳妥地勾挂于周边倒刺条板的钉钩上，并同时将毛边塞入踢脚板下（图 8-43）。

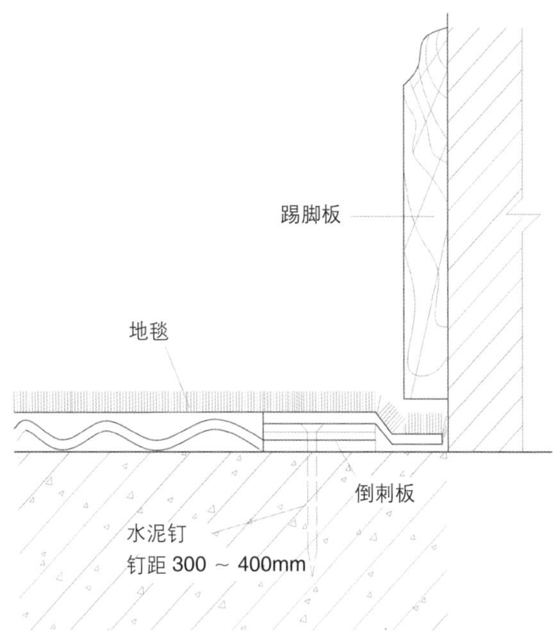

图8-43　地毯铺设施工

⑦ 不同部位的地毯收口按设计要求分别采用铝合金L形倒刺收口条、带刺圆角锑条或不带刺的铝合金压条（或其他金属装饰压条），以牢固和美观为原则（图8-44）。

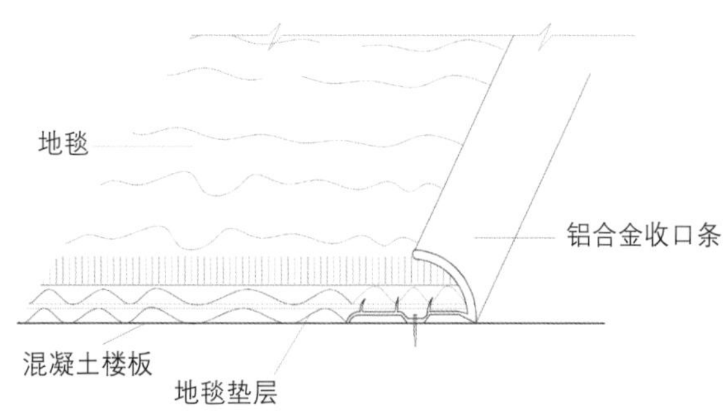

图8-44　铺设地毯时的铝合金收口

6. 涂布施工

1）材料特点

涂布材料主要是用合成树脂代替水泥或部分代替水泥，再加入填料颜料等混合调制而成的材料，需要在现场涂布施工，硬化以后可形成一种整体无接缝地面。这种地面的特点是整体性好、便于清洁、更新方便、价格适宜、易于施工等。常用的涂布地面有环氧树脂涂布地面、聚氨酯涂塑地面等。涂布施工本用于工业厂房等地面，但现代办公空间的设计有时为追求一种高技派、工业感，常常对地面采取这种施工手法，以追求一种新奇的效果（图8-45）。

图8-45　某广告公司地面采用浅色环氧树脂地面漆，体现了一种工业感

2）施工工艺

涂布地面的施工过程如下。

（1）地面要求基层坚牢、平整、光洁、干燥。在施工前必须认真检查其平整度，以及是否有起砂、脱壳等情况。对脱壳的地面，需将松壳打掉，重新抹面。根据面层涂料调配腻子，将凹凸不平的地方填嵌平整。基层要绝对干燥，通常在施工前7日内不得使地面接触水。

（2）根据不同面层材料及使用要求，将面层材料按比例混合、搅匀，有的还应注意室内温度的控制。将面层材料涂刷于地面，面层厚度应均匀，不宜过厚或过薄，涂布厚度控制在1.5mm左右。涂布地面施工工艺与普通水泥地面施工做法基本相同。

（3）待面层材料干燥后，刷罩面清漆（环氧树脂清漆）。为充分固化，涂刷罩面清漆后需静置固化7日以上。

（4）施工后还需进行养护等修饰处理，包括打磨涂层表面、上表面处理剂和打蜡。这样不仅可以提高地表光洁度，增加装饰效果，而且对地面表面有着良好的防水和抗污作用。

8.2.2　墙面装饰工程

在办公空间或其他类型的空间中，墙面是组成室内空间的主要要素，它和柱面共同构成室内的三度空间的垂直面，是室内装饰主要的立面设计部

分。由于墙面与人的视线最近，同时也是室内空间最主要的界面，因此它的装饰效果直接影响着整个室内空间的装饰效果。

墙体饰面的作用很大，主要体现在以下几方面。

(1) 保护墙体

墙面装饰不仅能体现建筑风格和美化室内环境，更重要的是加强建筑的整体和坚固性，防止有害介质对建筑的侵害，增加建筑密实性，防止风雨、潮湿、噪声、冷热空气等对建筑的渗透。

(2) 保证室内的使用条件

室内墙面经过装饰变得平整、光滑，不仅便于清扫和保持卫生，而且可以增加光线的反射，提高室内照度，保证人们在室内的正常工作和生活需要；另外，当墙体本身热工性能不能满足使用要求时，可以在墙体内侧结合饰面作保温隔热处理，提高墙体的保温隔热能力。

(3) 装饰室内

在室内空间的 6 大界面中，墙面占 2/3，它的装饰在很大程度上都起到美化建筑内部环境的作用，随着建筑物的级别及装饰档次的提高，这种作用越来越明显。因此，既要根据空间特点及功能要求，又要考虑艺术特点及心理需求，使墙体与室内其他界面相互协调，营造出一个舒适、美观的室内环境。

墙体从结构上分为：承重墙、非承重墙、隔墙和填充墙；从使用材料上分为：砖墙、石墙、混凝土墙、木质墙、玻璃墙等；从设计形式上分为：实体墙、空心墙、通透墙、低矮墙、移动墙等。了解墙体的结构特点，对于墙面装饰设计非常重要。

以下分别介绍办公空间墙面常用装饰材料与施工工艺。

1. 乳胶漆饰面

1）材料特点

乳胶漆是由各种有机物单体经乳液聚合反应后生成的聚合物，它以非常细小的颗粒分散在水中，形成乳状液。将这种乳状液作为主要成膜物质配成的涂料称为乳液型涂料。乳胶漆根据装饰的光泽效果可分为亚光、半光、丝光和高光等类型。乳胶漆是各种墙体饰面做法中最经济、最简便的一种方式。目前，乳胶漆经过计算机调色，有上百种颜色可供选择，极大地丰富了墙面装饰效果（图 8-46）。墙面经乳胶漆涂饰后会更明亮、更整洁，同时丰富了墙面装饰质感，使整个室内色调更趋于和谐。

图8-46　彩色乳胶漆墙面

2）施工工艺

(1) 基层处理。先将墙体表面上的灰块、浮渣等杂物铲除，如表面有油污，应用清洗剂和清水洗净，干燥后再用棕刷将表面灰尘清扫干净。

(2) 满刮第一遍腻子。要求刮抹平整、均匀，线角及边棱整齐为度。尽量刮薄，不能漏刮，接头不能留槎，注意不要弄脏门窗框及其他部位，否则应及时清理。

(3) 砂纸磨光。待第一遍腻子干透后，用粗砂纸打磨平整，注意保护棱角。

(4) 满刮第二遍腻子。第二遍腻子的刮法同第一遍腻子的刮法，但刮抹方向与前一遍相垂直。

(5) 砂纸磨光。待第二遍腻子干透后，用粗砂纸打磨平整。

(6) 涂刷底漆。喷涂一遍，涂层需均匀，不得漏涂。

(7) 涂刷第一遍乳胶漆。乳胶漆的施工方法分刷涂施工、滚涂施工和喷涂施工。先作横向涂刷，再作纵向涂刷，将乳胶漆赶开、涂匀。对于小的边角，可用毛刷补齐。

（8）砂纸磨光。第一遍乳胶漆涂刷结束 4 小时后，用细砂纸磨光。

（9）涂刷第二遍乳胶漆，待干后用细砂纸磨光。

（10）清扫。清除遮挡物，清扫飞溅物料。

2. 饰面砖饰面

1）材料特点

用于现代办公空间墙面装饰的饰面砖主要指釉面陶瓷内墙砖和玻璃马赛克。饰面砖装饰效果强，品种多样，具有质感细腻、色彩鲜艳、色泽稳定、装饰效果好等优点（图 8-47）。

图8-47　釉面砖墙面与红砖墙面形成粗糙与细腻的对比

（1）釉面陶瓷内墙砖。釉面陶瓷内墙砖简称为釉面砖，是用于内墙贴面装饰的薄片精陶建筑材料（图 8-48）。按其表面施釉所形成的外观效果，有纯白色、镜面彩色、玻化彩色、石质彩色（毛面仿石及磨面仿石）、花釉、斑纹釉、结晶釉、金属釉、图案釉等各种颜色及不同质感的品种。釉面砖的规格（长 × 宽 × 厚）一般为 100mm × 100mm × 5mm、150mm × 75mm × 5mm、150mm × 150mm × 5mm、200mm × 150mm × 5mm、200mm × 200mm × 5mm、200mm × 300mm × 5mm、330mm × 450mm × 6mm 等。

（2）玻化砖。近年来，玻化砖因能够模仿天然石材的纹路而常作为墙面装饰，其纹理自然，花色和品种多样，常用在门厅等地方（图 8-49）。

图8-48　卫生间墙面采用黑色瓷片与原木板做装饰

图8-49　玻化砖墙面具有天然石材的纹理

（3）玻璃马赛克。玻璃马赛克又称为玻璃锦砖，是以玻璃原料为主，采用熔融工艺生产的小块预贴在纸上的墙面镶贴材料。按照制作工艺的不同分为熔融玻璃马赛克、烧结玻璃马赛克、金星玻璃马赛克。其产品外观有乳浊状、半乳浊状和透明状三种效果。透明状玻璃马赛克，俗称水晶玻璃马赛克，是用高白度的平板玻璃，经过高温再加工，熔制成色彩艳丽的各种款式和规格的马赛克，能充分体现玻璃所具有的特殊性质，晶莹剔透、光洁亮丽、艳美多彩（图 8-50）。玻璃马赛克常用的规格（长 × 宽）有 10mm × 10mm、20mm × 20mm、25mm × 25mm、50mm × 50mm、100mm × 100mm 等。厚度一般为 4mm，也可根据需要定制。与陶瓷锦砖一样，玻璃马赛克反贴在牛皮纸上或正贴于编织网上，称为一联，这种形式便于施工，每联尺寸为 300mm × 300mm。在铺贴方式上，有纸联反铺贴和网状联正铺贴两种，因网状联正铺贴效果好，现在正逐步取代纸联反铺贴。

2）施工工艺

(1) 釉面陶瓷内墙砖的施工工艺如下（图 8-51）。

① 墙体基层应湿润、洁净、平整。

② 釉面砖置于清水中浸泡不少于 2 小时，取出阴干后方可使用。

③ 墙面弹线定位，先贴整体大面，再贴零星部位，从下而上，从右向左，所备砂浆为：水泥 ∶ 沙 ∶ 107 胶 = 1 ∶ 2 ∶ 0.02，砂浆黏接厚度为 6 ~ 10mm。

④ 釉面砖上墙之前，在其背面满刮黏接浆，上墙就位后用力按压，使之与基层表面紧密粘合。

⑤ 贴完一排后用靠尺横向靠平，并保证各砖的平整度一致，擦去缝中多余砂浆。待砂浆 24 小时凝固后，用白水泥勾缝后用棉纱清理。

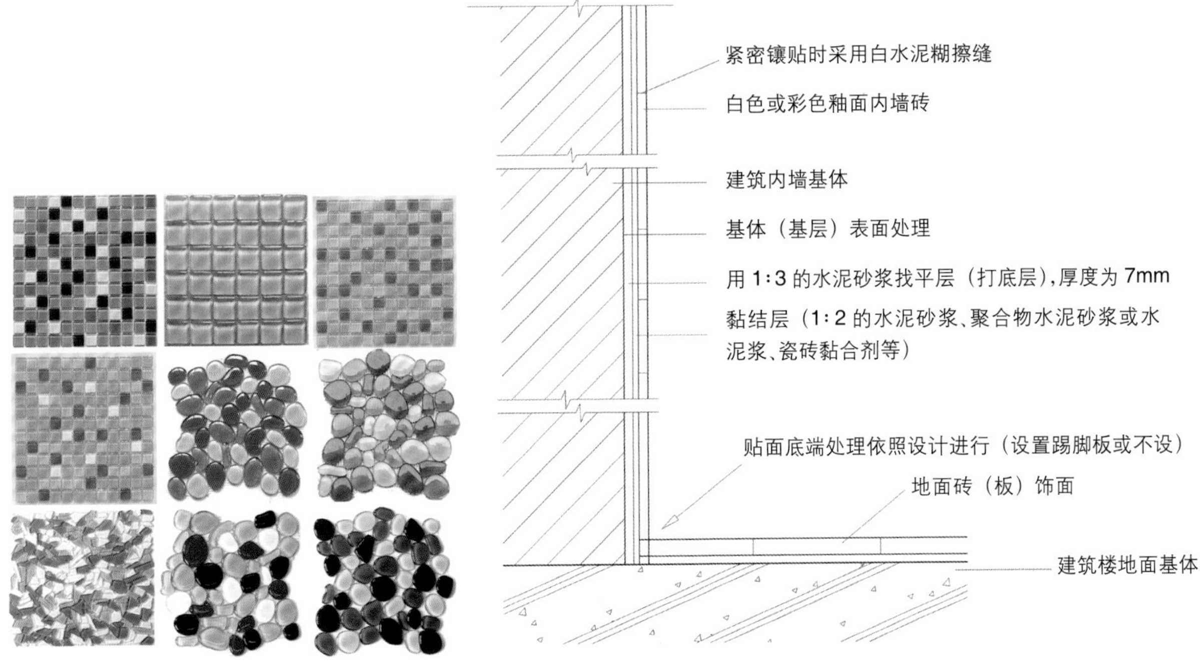

图8-50　晶莹剔透的玻璃马赛克

图8-51　釉面内墙砖贴面装饰的构造图

(2) 玻璃马赛克的施工工艺。玻璃马赛克的工艺流程一般为：处理基层→抹找平层→刷结合层→排砖、分格、弹线→就位粘贴→揭纸、调缝→清理表面。

3. 天然石材饰面

1）材料特点

天然石材包括花岗岩、大理石、青石板等，它不仅具有天然材料的自然美感，而且质地密实、坚硬，耐久性、耐磨性较好，属于高档装修材料。在办公建筑中，常用于大厅和门厅的墙面装饰（图 8-52 和图 8-53）。

图8-52　电梯厅的墙面和地面采用天然石材饰面

图8-53　大理石墙面成了一处休息座席区的背景

2）施工工艺

天然石材在墙面装饰工程中的施工方法可概括为以下几种。

(1) 直接粘贴固定。直接粘贴固定是指采用新型黏合剂将天然石板直接粘贴于建筑墙体上。这种做法要求基层应是坚固的混凝土墙体或稳定的砖石砌筑体，镶贴高度一般不超过 3m 的范围。超过限制高度进行镶贴时，必须采用小规格的板材，要求板块的边长不大于 400mm，或采用厚度为 10 ～ 12mm 花岗岩薄板。

(2) 锚固灌浆施工（图 8-54）。

① 工程预埋。在建筑结构体（混凝土浇筑墙体及柱体工程）施工时按设计要求预埋钢筋环、钢筋钩或其他金属锚固件，铁制锚固件须经防锈处理。当建筑结构基体未设预埋锚固件时，可用电钻打孔，采用直径大于 10mm、长度大于 110mm 的金属膨胀螺栓插入固定作为锚固件。

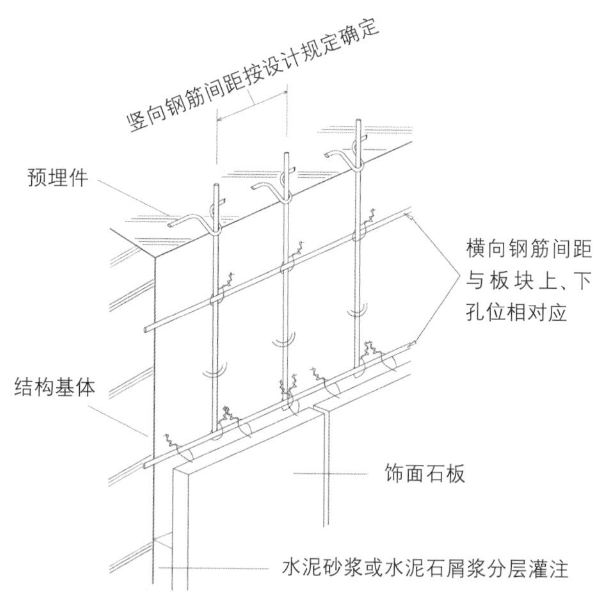

图8-54　天然石材钢筋网绑扎灌浆安装示意图

② 绑扎钢筋网。在金属预埋件上固定竖向钢筋，在竖向钢筋上绑扎横向钢筋，从而构成纵横交叉的钢筋网，钢筋网用来固定饰面石板。竖向钢筋的直径为ø6 ～ø8mm，间距为 600 ～ 800mm（具体尺寸按设计规定）；横向钢筋必须与饰面板连接孔的位置一致，第一道横向钢筋绑在第一层板材下口上面约 100mm 处，此后每道横向钢筋均绑在比该层板块上口低 10 ～ 20mm 处。钢筋网必须绑扎牢固，不得有颤动和弯曲。

③ 钻孔、开槽。在天然石材饰面板上开设金属丝绑扎孔或绑扎槽。

④ 清洗板材。把经过钻孔或开槽的板块背面、侧边均清洗干净并自然阴干。

⑤ 绑扎固定饰面石板。将直径为 3mm 的不锈

钢丝或 4mm 的铜丝截成 200 ~ 300mm 长段，对石板进行穿孔或套槽后与墙体钢筋网上的横向钢筋绑扎固定，板材离墙 30mm。从最下一层饰面板开始，先绑扎下口，再绑扎上口，并用托线板及靠尺板吊直靠平，用木楔垫稳。

⑥ 分层灌浆施工。先将基体表面及板块背面洒水润湿，用 1∶2.5 水泥砂浆或水泥石屑浆分层灌注。第一层灌注高度为 150 ~ 200mm，并注意不得超过板块高度尺寸的 1/3，及时将灌注的砂浆或石屑浆捣密实。第二层灌注高度约为 100mm，即灌至板材高度尺寸的 1/2。第三层灌浆至板材上口以下 80 ~ 100mm，所留余量为上排板材继续灌浆时的结合层。每排板材灌浆完毕，应养护不少于 24 小时，再进行其上一排板材的绑扎和分层灌浆。

⑦ 板缝处理。全部板材安装完后，清理其表面。饰面缝隙采用与石板颜色相同的水泥浆填抹。

（3）干挂施工（图 8-55）。干挂施工是指采用金属挂件将天然石材装饰板固定于建筑基体的干挂做法。

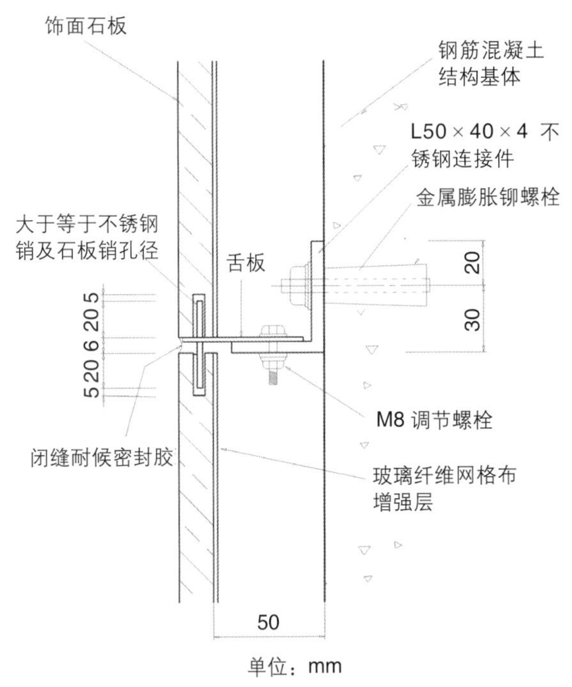

图8-55　天然石板干挂式做法构造图

① 板材钻孔或开槽。按设计尺寸在石板的上、下端面钻孔，孔径为 7 ~ 8mm，孔深为 22 ~ 23mm，与所用不锈钢销的尺寸相适应并加适当空隙余量。

② 板材安装。利用托架、垫楔将底层石板准确就位并作临时固定，应拉水平通线控制板块上、下口的水平度。板材从最下一排的中间或一端开始，先安装好第一块石板作基准，一排板块安装完成后再进行上一排板块的安装。板块安装时，用结构黏合剂灌入下排板块上端的孔眼，插入直径≥ 5 的不锈钢销或厚度≥ 3mm 的不锈钢挂件插舌，再在上排板材的下孔、槽内注入结构黏合剂，然后对准不锈钢销或不锈钢舌板插入，并校正板块，拧紧调节螺栓。如此自下而上逐排操作，直至完成石板干挂饰面。

③ 接缝处理：完成全部安装后，清理饰面，按设计要求进行嵌缝处理，注入石材专用的耐候硅酮密封胶。

4. 木质类板材饰面

1）材料特点

木质类板材分为基层板和饰面板两大类，它们主要是由天然木材加工而成。木质类板材主要分为实木板、胶合板、密度板、木芯板、刨花板、薄木皮装饰板、模压板、防火装饰板等。其中，胶合板、密度板、木芯板、刨花板等一般作装饰基层使用，而薄木皮装饰板、模压板、防火装饰板等用于饰面装饰。

（1）胶合板。胶合板俗称夹板，是沿年轮方向旋切成大张单板，经干燥、涂胶后按相邻单板层木纹方向相互垂直的原则组坯、胶合而成的板材（图 8-56）。层数一般为奇数，如三夹、五夹、九夹、十三夹等胶合板（市场上俗称为三厘板、五厘板、九厘板、十三厘板）。胶合板的规格为 2440mm × 1220mm，厚度分别有 3mm、5mm、9mm、13mm 等。胶合板具有幅面大、外形平整美观、变形小、施工方便、可任意弯曲、抗拉性能好等优点，主要用于室内装修中木质制品的背板、底板，或隔墙、吊顶的曲面造型等。

（2）木芯板。木芯板又称为细木工板，是用长短不一的实木条拼合成板芯，在上、下两面胶贴 1 ~ 2 层胶合板或其他饰面板，再经过压制而成，板芯常用松木、杉木、杨木、椴木等（图 8-57）。它取代了装修中对原木的加工，使工作效率大大提高。木芯板表面平整光滑，不易翘曲变形，握螺钉力好，强度高，具有质坚、吸声、隔热等优点，而且它的含水率不高，一般为10%～13%，加工简便，用途广泛。木芯板的规格为2440mm×1220mm，厚度分别有15mm、18mm。木芯板在办公空间中常作为各种家具、隔墙、门窗套等饰面基层的制作等。

图8-56　胶合板

图8-57　木芯板

（3）密度板。密度板又称为纤维板，它是以木质纤维或其他植物纤维为原料，加入黏合剂，再经高温、高压而成，它的密度很高，所以称为密度板（图8-58）。按其密度的不同，分为高密度板、中密度板、低密度板。密度板的规格为2440mm×1220mm，厚度为3～25mm。密度板变形小，稳定性好，表面平整，便于加工，易于粘贴饰面。现代办公家具主要以密度板为基材，外表面覆有彩色喷塑装饰层，色彩变化丰富，可选择性强。密度板的主要缺点是会有甲醛超标的问题。

图8-58　密度板

（4）薄木皮装饰板。薄木皮装饰板俗称装饰面板，它是将珍贵的天然木材或科技木刨切成0.2～0.5mm厚度的薄片，粘贴于胶合板表面，然后热压而成的一种用于室内装修或家具制造的表面材料。其规格（长×宽×厚）为2440mm×1220mm×3.5mm。薄木皮装饰板既具有木材的优美花纹，又能充分利用木材资源、降低成本。

薄木皮装饰板分为天然薄木皮装饰板和科技薄木皮装饰板两种。天然薄木皮装饰板采用名贵木材，如枫木、榉木、橡木、胡桃木、红胡桃、樱桃木、柚木、花梨木、影木等，其价格根据木皮的价格而不同。科技薄木皮装饰板是人造木质装饰板，面层材料模仿天然薄木皮装饰板的木纹效果，价格比较低廉。薄木皮装饰板通常是根据表面装饰单板的树种来命名，如榉木装饰板、胡桃木装饰板等。薄木装饰板用于装修可得到纹理清晰、质地真实的华丽效果，同时又达到了充分利用木材资源、降低成本的目的（图8-59～图8-62）。

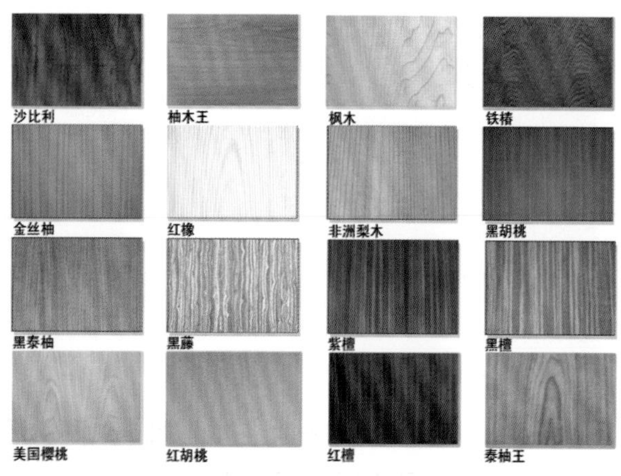

图8-59　常见的薄木皮装饰板的种类

图8-60　接待区墙面采用了薄木皮装饰板装饰

图8-61　弧度流畅的隔墙主要采用白影饰面板装饰

2）施工工艺

木质类板材用于室内墙面的装饰装修，可独立应用，也可与其他材料搭配使用，其结构主要由龙骨、基层、面层三部分组成。木质类板材饰面的施工工艺如下。

（1）墙面基层处理。施工前应在墙体表面做防潮层处理。

（2）弹线定位。通常按木龙骨的分档尺寸在墙体表面弹出分格线，并在分格线上钻孔，孔径为 8 ~ 20mm，钻孔深度应不小于 40mm。在孔内打入防腐木楔，为安装木龙骨骨架做准备。

图8-62　黑胡桃木饰面造型

（3）木龙骨固定。将木龙骨与木楔用圆钉固定，钉平、钉牢。竖向木龙骨应保证垂直。罩面分块或整幅板的横向接缝处应设水平方向的龙骨；饰面斜向分块时，应斜向布置木龙骨；确保罩面板块的所有拼接缝隙均落在木龙骨的中心线上，不得使罩面板块的端边处于空悬状态。木龙骨间距应符合设计要求，一般竖向间距宜为 400mm，横向间距宜为 300mm。

（4）刷防火漆。室内装修所用木质材料均需进行防火处理。在制作好的木龙骨骨架与基层板背面，涂（刷）三遍防火漆，防火漆应把木质表面完全覆盖。

（5）基层板安装。基层板常采用胶合板或密度板，用圆钉将其固定在木龙骨骨架上。胶合板用圆钉固定时，钉长应根据胶合板厚度选用，一般为 25 ~ 35mm，钉距宜为 80 ~ 150mm，钉眼用油性腻子抹平。采用钉枪固定时，钉枪钉的长度一般采用 15 ~ 20mm，钉距宜为 80 ~ 100mm。密度板应预先用水浸透，自然阴干后再进行安装。密度板用圆钉固定时，钉距宜为 80 ~ 120mm，钉长为 20 ~ 30mm，钉帽宜进入板面 0.5mm，钉眼用油性腻子抹平。

（6）饰面板的安装。在基层板材上安装的面层饰面板主要有实木板、薄木皮装饰板、模压板、防火装饰板等。安装前，需将饰面板按设计要求进行裁剪，并用胶粘法进行安装。将万能胶均匀地涂刮在饰面板背面，然后将其粘贴于基层板表面，用力压实压牢，同时采用钉枪加强固定。特别是在选用带有木纹图案的饰面板作罩面时，如薄木皮装饰板，如果设计上有木纹拼花的要求，安装前应进行选配，木纹的拼接要自然、协调，对预排的板块应进行编号，以确保墙面的整体效果。

5. 金属饰面板饰面

1）材料特点

常用于办公空间内墙面装饰的金属饰面板有不锈钢饰面板、钛金饰面板、铝塑板等。这些金属饰面板华丽高雅、色泽丰富、光泽持久，具有极佳的装饰效果。同时金属饰面板具有性能稳定、强度高、可塑性好、易于成型、经久耐用、施工简便等优点。

（1）不锈钢饰面板、钛金饰面板。不锈钢是指在钢中以铬为主要元素，且形成钝化状态，具有不锈特性的钢材。不锈钢饰面板分亚光板和镜面板两种（图8-63～图8-67）。反光率在50%以下的称为亚光板，用亚光板进行装饰已成为一种时尚，其板面柔和不刺眼，现代感强。反光率在90%以上且表面可以映像的称为镜面板，它的特点为板面光亮如镜，反射率、变形率与镜面玻璃相差无几，常用于柱面、墙面等反光率较高的部位。钛金饰面板是将钛合金镀在不锈钢等基层材料的表面，使基层表面达到金光闪闪、华贵无比的装饰效果。常用的不锈钢饰面板的规格（长×宽）为600mm×1200mm、1000mm×2000mm等，板块的厚度为0.75mm、1.5mm、2.5mm等。

（2）铝塑板。铝塑板是由涂装铝板与PE聚乙烯树脂，经高温、高压而成的一种新型金属塑料复合材料。铝塑板具有防火、耐腐蚀、耐冲击、可弯曲、施工简便、易清洗等特点，同时具有很好的抗弯强度和隔音、隔热的性能。铝塑板广泛应用于内外墙装饰，是办公空间墙面常用的装饰材料。铝塑板分为单面铝塑板和双面铝塑板两种。单面铝塑板只有正面为铝板，厚度一般为3mm、4mm；双面铝塑板的正反面都为铝板，厚度一般为5mm、6mm、8mm。铝塑板的外表覆PVC保护膜，施工完后即可撕去。铝塑板的规格（长×宽）为2440mm×1220mm，宽度也可以达到1250mm或1500mm。铝塑板作为一种高级饰面板，以其挺括、光洁著称，因此，使用这种面板装饰必须贴在平整光滑的基层上。铝塑板只需简单的木工工具即可完成切割、裁剪、刨边、弯曲成弧形或直角的各种造型，还可以铆接、螺钉连接或胶粘等，都是易于加工的好材料。

图8-63　大厅主入口的镜面不锈钢立柱

图8-64　墙面装饰亚光不锈钢板

图8-65　某公司门厅墙上装饰有亚光不锈钢板

图8-66　亚光不锈钢板上打圆孔，让空间相互渗透

图8-67　会议室不锈钢板穿孔顶棚，透出点点星光

2）施工工艺

（1）不锈钢饰面板饰面构造

不锈钢饰面板是办公空间常用的墙面装饰材料，其贴墙构造应注意基层的做法和饰面层的安装工艺。基层构造法有木龙骨构造法、钢架龙骨构造法、混合龙骨构造法三种。不锈钢饰面层的固定方式有直接粘贴式固定法和开槽嵌入式固定法两种。

① 直接粘贴式固定法。常用于小型饰面工程或小块薄型不锈钢饰面板或防火等级要求不高的装修部位（图 8-68）。其具体步骤如下。

a．在墙面钻孔打入木楔，用木螺钉或钢钉将木龙骨（或厚夹板条及其他木龙骨骨架）固定在基层上，并刷防火涂料两遍。

b．在木龙骨上固定胶合板或硬质纤维板等基面板，并在其上进行排版、弹线、定位，根据排版尺寸对饰面板进行裁剪和加工。

c．将万能胶均匀地涂刮在基层板和饰面板背面，待胶不粘手时，将不锈钢饰面板依次贴于基层板上，然后用力压实、压平，并用橡皮锤轻击，使其牢固密实。

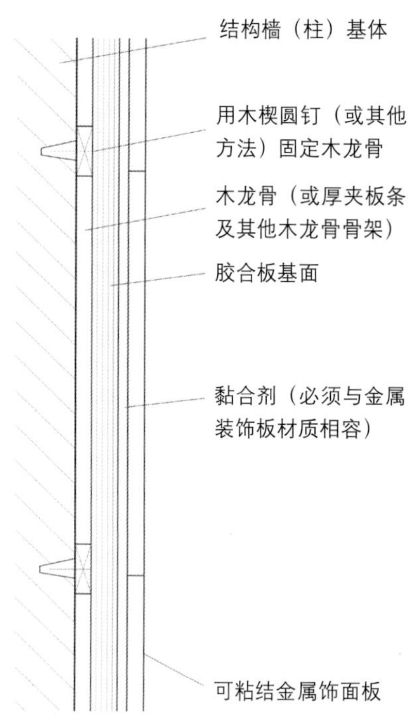

图8-68　不锈钢饰面板的粘结固定

d．不锈钢饰面板之间缝隙大小需根据设计而定，通常不小于3mm。为增加牢固度与美感，缝隙可用玻璃胶勾缝。

e．经过24小时的养护后，撕掉不锈钢饰面板保护膜。

② 开槽嵌入式固定法。

a．在墙面钻孔打入木楔，用木螺钉或钢钉将木龙骨（或厚夹板条及其他木龙骨骨架）固定在基层上，并刷防火涂料两遍。

b．在木龙骨上固定胶合板或硬质纤维板等基面板，并在其上进行排版、弹线、定位。并用木工修边机在基层板上开U形槽，槽宽为5～8mm，槽深为7～10mm。

c．根据U形槽的深度和所排板块的尺寸，对不锈钢饰面板进行裁剪、折边。把玻璃胶或耐候胶均匀地打在加工好的饰面板背面，将饰面板按顺序嵌入基层板的U形槽内，然后用力压实、压平。可用胶带加强固定，待饰面板完全粘牢后可撕去。

d．不锈钢饰面板之间的2～3mm的细小缝隙可用玻璃胶或耐候胶嵌填。

e．经过24小时的养护后，撕掉不锈钢饰面板的保护膜。

③ 钢架龙骨构造法。适用于大尺度的空间墙面，或较厚型不锈钢饰面板以及防火等级要求特别高的室内装饰。

a．在平整、干净的墙体基层上确定钢架支撑锚固点的位置，锚固点应选择墙面现浇部位作为承重点。

b．用50mm角钢制作横竖相连的钢龙骨框架，并在角钢龙骨框架表面打孔，以备安装基层板，角钢龙骨架的常用规格为300mm×300mm、600mm×600mm、1200mm×1200mm。

c．安装钢龙骨框架，采用焊接方式与墙体固定件锚固，在焊接时随时检查钢龙骨架的垂直度和平整度。

d．将基层板用高强度自攻螺钉与钢龙骨框架锚固，基层板常用木芯板、密度板、胶合板、石膏板等。

e．在基层板上安装不锈钢饰面板，可采用直接粘贴固定法或开槽嵌入固定法，这两种方法在上文已描述。

不锈钢饰面板的装饰施工要求做工精细，饰面板的对口要尽量少。在一个装饰面上，如需整面平贴大面积的装饰板，最好采用离缝拼贴，缝宽为8～15mm。对于无法回避的拼边对缝，要尽量安排在不显眼处或运用合理的构造设计解决拼缝收口的问题。

（2）铝塑板饰面构造

由于铝塑板是铝板和塑料的复合体，铝板厚度仅为0.2～0.5mm，因此它薄而柔，易于弯曲。在施工时，要通过骨架或基层板粘贴于墙体表面。铝塑板的构造方法分无龙骨粘贴法、木龙骨粘贴法、轻钢龙骨粘贴法等。在施工中常将铝塑板弯曲成所需的角，如直角、锐角、钝角或圆弧等，这些形状在现场加工即可完成。固定方法有螺钉固定、装饰压条固定、胶粘固定等。现代装饰工程常采用开缝胶粘固定法，粘贴时板与板之间应留3～8mm的缝隙。

① 无龙骨粘贴法

a．用胶合板或木芯板安装在墙面上做基层，然后根据设计要求在基层板上弹出安装分格线。

b．对铝塑板进行裁剪，在其背面和基层表面分别涂刮万能胶，按分格尺寸粘贴于基层上，用力拍打

压实。

c．铝塑板之间的缝隙用玻璃胶或耐候胶嵌缝。

② 木龙骨粘贴法

a．在干净、平整的墙面铺装木龙骨框架。

b．在木龙骨骨架表面铺钉基层板，以五夹板或九夹板为主。

c．在基层板上粘贴铝塑板，然后拍平、压实，缝隙用玻璃胶或耐候胶嵌缝。

③ 轻钢龙骨粘贴法

a．轻钢龙骨作为竖龙骨铺钉于墙面上，间距为 400 ~ 600mm，为加强稳定，常在竖龙骨中间加横撑龙骨加固。

b．在龙骨上铺钉纸面石膏板或夹板。

c．在木龙骨上粘贴铝塑板并勾缝。

铝塑板粘贴完毕后，其板面的板缝及收口处理的好坏直接影响装饰效果。因此，板缝大小、宽窄、造型以及收口饰条均应根据具体情况仔细处理。

6. 玻璃饰面

1）材料特点

玻璃广泛应用于室内外建筑装饰，主要作用是用来隔风透光，或增强艺术表现力，是一种重要的现代装饰材料。随着建筑装饰要求的不断提高和玻璃生产技术的不断发展，新品种层出不穷，玻璃由过去单纯的透光、透视向着控制光线、调节热量、节约能源、改善环境等方向发展。同时利用染色、印刷、雕刻、磨光、热熔等工艺可获得各种具有装饰效果的艺术玻璃，为空间的艺术表现赋予新的生命力，经过特殊处理后的玻璃可用于空间的任何部位。在办公空间设计中，墙面或隔断采用玻璃装饰最为常见（图 8-69）。

（1）平板玻璃

平板玻璃也称为白片玻璃，是未经其他工艺处理的平板状玻璃制品。其表面平整而光滑，具有高度的透明性能（图 8-70），是装饰工程中用量最大的玻璃品种，是可以作为进一步加工、成为各种技术玻璃的基础材料。目前，浮法玻璃正成为玻璃制造方式的主流。

图8-69　钢框拼接玻璃隔断，界定出财务部的专用办公空间

图8-70　平板玻璃做隔墙，让精致的会议桌椅得到展现

平板玻璃是传统的玻璃产品，主要用于门窗和隔断，起着透光、挡风和保温的作用。玻璃规格不小于 1000mm × 1200mm，厚度有 2 ~ 25mm。表 8-1 为平板玻璃不同规格的使用情况。

（2）磨砂玻璃

将平板玻璃的一面或者双面用金刚砂、硅砂等磨料对其进行机械研磨或手工研磨，制成均匀粗糙的表面，也可以用氢氟酸溶液对玻璃表面进行腐蚀加工，所得到的产品称为磨砂玻璃（图 8-71）。因玻璃表面被处理成均匀粗糙的毛面，使透入的光线产生了漫射，具有透光而不透视的特点。用磨砂玻璃进行装饰可使室内光线柔和而不刺目。

表8-1 平板玻璃不同规格的使用说明

厚度/mm	使用说明
3～4	主要用于画框表面
5～6	主要用于外墙窗户、门扇等小面积透光造型中
7～9	主要用于室内屏风等较大面积但又有框架保护的造型之中
9～10	可用于室内大面积隔断、栏杆等装修项目
11～12	可用于地弹簧玻璃门以及一些活动和人流较大的隔断之中
>15	主要用于较大面积的地弹簧玻璃门，外墙整块玻璃墙面

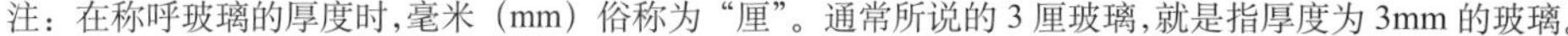
注：在称呼玻璃的厚度时，毫米（mm）俗称为“厘”。通常所说的3厘玻璃，就是指厚度为3mm的玻璃。

图8-71 会议桌桌面材料为磨砂玻璃

磨砂玻璃的图案设计能充分发挥设计师的艺术表现力，依照预先在玻璃表面设计好的图案进行加工，即可制造出各种风格的磨砂玻璃。用磨砂玻璃进行装饰可使室内光线柔和而不刺目，磨砂玻璃主要应用于吊顶、墙面、门窗以及隔墙装饰等。

（3）压花玻璃

压花玻璃又称为花纹玻璃，是采用压延法制造的一种平板玻璃。压花玻璃的表面（一面或两面）压有深浅不同的各种花纹图案，由于表面凹凸不平，所以当光线通过时就会产生漫反射，形成透光不透形的特点（图8-72和图8-73）。压花玻璃的装饰效果很强，市场上压花玻璃的花型主要有布纹、钻石、四季红、千禧格、香梨、银河、七巧板、甲骨文等多个品种。还可将玻璃表面喷涂处理成淡黄色、黄色、淡蓝色、橄榄色等多种色彩。压花玻璃的规格从300mm×900mm到1600mm×900mm不等，厚度一般只有3mm和5mm两种。

（4）雕花玻璃

雕花玻璃又称为雕刻玻璃，是在普通平板玻璃的基础上用机械或化学方法雕刻出图案或花纹。雕花玻璃一般根据图样定制加工，常用的厚度为3mm、5mm、6mm，尺寸从150mm×150mm到2500mm×1800mm不等。雕花玻璃分为人工雕刻和计算机雕刻两种。计算机雕刻又分为机械雕刻和激光雕刻，其中激光雕刻的花纹细腻，层次丰富。雕花玻璃具有透光不透形、立体感强、层次分明、富丽高雅的特点，常用于住宅、宾馆、酒店大堂的门窗、隔断和背景墙装饰，以及办公空间的屏风、背景墙和经理室的特殊装饰部位。

图8-72　压花玻璃的种类

图8-73　压花玻璃做隔断限定出接待区

(5) 彩釉玻璃

彩釉玻璃是将无机釉料（又称油墨）印刷到玻璃表面，然后经烘干、钢化或热化加工处理，将釉料永久烧结于玻璃表面而得到一种耐磨、耐酸碱的装饰性玻璃产品。它采用的玻璃基板一般为平板玻璃和压花玻璃，厚度一般为 5mm。这种玻璃产品具有很高的功能性和装饰性，它有许多不同的颜色和花纹，如条状、网状和电状图案等，可做成透明彩釉、聚晶彩釉和不透明彩釉等品种。彩釉玻璃在办公空间中常用作背景墙或隔断的装饰（图 8-74）。

图8-74　彩釉玻璃色彩丰富，广泛使用于现代办公空间

(6) 钢化玻璃

钢化玻璃是一种强度很高的玻璃，它是将普通平板玻璃先切割成要求的尺寸，然后加热到接近玻璃的软化点，再进行快速均匀的冷却而得到的。钢化玻璃具有抗冲击强度高（比普通平板玻璃高 4 ～ 5 倍）、抗弯强度大（比普通平板玻璃高 5 倍）、热稳定性好以及光洁、透明度高等特点。钢化玻璃在遇到超强冲击破坏时，碎片呈分散细小颗粒状，无尖锐棱角，故又称为安全玻璃。钢化玻璃广泛应用于玻璃门窗、建筑幕墙、玻璃家具、展示架、玻璃隔墙等部位。常见的最大尺寸为 2460mm × 6000mm，厚度为 3.5 ～ 19mm。在办公空间中，钢化玻璃主要应用于大面积的玻璃隔断墙或无框玻璃门等部位（图 8-75 和图 8-76）。

图8-75　无框玻璃推拉门要求采用钢化玻璃

(7) 夹胶玻璃

夹胶玻璃也是一种安全玻璃，它是在两片或多片平板玻璃之间嵌夹透明塑料薄片，再经过热压粘合而成的平面或弯曲的复合玻璃制品。夹胶玻璃一般采用钢化玻璃制作，破碎时玻璃碎片不零落飞散，只产生辐射状裂纹，不至于伤人。抗冲击强度优于普通平板玻璃，并有耐热、耐湿、隔音等特殊功能，常用于建筑幕

墙、建筑屋顶天窗或入口雨棚等处，也可用在有防爆、防弹要求的交通工具上。夹胶玻璃还可以用彩釉玻璃加工，甚至中间可夹上碎裂玻璃，形成特殊的装饰形态（图 8-77）。夹胶玻璃的厚度一般为 8 ～ 25mm，规格为 800mm × 1000mm 和 850mm × 1800mm。

图8-76 天桥地面材料为钢化玻璃

图8-77 冰裂纹玻璃增添了空间的艺术性

（8）玻璃砖

玻璃砖又称特厚玻璃，有实心砖和空心砖两种，空心砖最为常用。通常是由两块凹形玻璃相对熔接或胶接而成的一个整体砖块，其内腔制成不同花纹可以使外来光线扩散，具有透光不透形的特点（图 8-78）。玻璃砖以方形为主，边长有 145mm、195mm、240mm、300mm 等规格。玻璃砖是一种隔音、隔热、保温、透光性好、装饰性强的材料，一般用于透光性要求较高的墙壁、隔断等处。

图8-78 玻璃砖做隔断墙既透光又有韵味

2）施工工艺

玻璃是现代建筑装饰的重要材料，在室内装修中应用非常普遍，可用于空间的各个界面，在立面造型中使用最多。玻璃加工制品的种类繁多，构造方法多样，施工中常与木质、金属、水泥体结合使用，常见的构造形式分为

以下几种。

(1) 玻璃隔断墙的构造

① 在地面弹出要做隔墙（断）的位置线，通常垂直于地面。

② 把木芯板裁成条状，根据需要做成空心盒体（或钉成木方条），以用作边框，固定于位置线上。

③ 边框的四周或上、下部位应根据玻璃的厚度开槽，槽宽应大于玻璃的厚度 3 ～ 5mm，槽深为 8 ～ 20mm，作玻璃膨胀伸缩之用。

④ 把玻璃放入木框槽内，并注入玻璃胶，钉上固定压条，待玻璃胶凝固后，即可把固定压条去掉。

⑤ 边框的四周或上、下部位也可不开槽，直接把玻璃放入木框槽内，然后用木压条或金属条固定。

(2) 玻璃背景墙的构造

在办公空间设计中，背景墙经常安装各种工艺玻璃来增添艺术效果。其施工过程如下。

① 墙面基层应干燥、清洁、平整。

② 在墙面安装木龙骨骨架，可用木芯板裁成条状代替。

③ 在木龙骨上安装五夹板或九夹板用来固定玻璃。

④ 玻璃的固定方法主要有以下三种。

a．在玻璃上钻孔，用镀铬螺钉、铜螺钉把玻璃固定在衬板上（图 8-79）。

图8-79　背景墙上的磨砂玻璃采用螺钉固定

b．用硬木、塑料、金属等材料的压条压住玻璃。

c．用环氧树脂把玻璃粘在衬板上。

(3) 金属结构玻璃隔墙的构造

金属结构玻璃隔墙（隔断），一般采用铝合金、不锈钢、镀锌钢材（槽钢、角钢）制作框架安装不同规格与厚度的玻璃。

① 根据隔墙（隔断）的高度与宽度，以及所选玻璃的厚度等设计要求，考虑选用的金属框架型材的大小与强度。

② 在金属框的底边放置一层橡胶垫或薄木片，然后把玻璃放在橡胶垫或薄木片上，用金属压条或木压条固定。

③ 缝隙用玻璃胶灌注固定。

(4) 空心玻璃砖砌墙的构造

① 根据需砌筑玻璃砖隔墙的面积和形状计算玻璃砖的数量和排列次序。玻璃砖采用白水泥浆砌筑（白水泥：107 胶 =100：7）。

② 玻璃砖砌体采用十字缝立砖砌法，按上、下层对缝的方式自下而上砌筑。

③ 为了保证玻璃砖墙的平整性和砌筑方便，每层玻璃砖在砌筑之前宜在玻璃砖上放置垫木块。砌筑时，将上层玻璃砖下压在下层玻璃砖上，同时使玻璃砖的中间槽卡在木垫块上，两层玻璃砖的间距为 5 ～ 8mm。

④ 玻璃砖之间的缝中承力钢筋间隔小于 650mm，伸入竖缝和横缝，并与玻璃砖上下、两侧的框体和结构体牢固连接。

⑤ 每砌完一层后要用湿布将砖面上沾着的水泥浆擦去。

⑥ 玻璃砖砌筑完后，立即进行表面勾缝。先勾水平缝，再勾竖缝，缝的深度要一致。

7. 壁纸饰面

1）材料特点

壁纸饰面对墙面起到很好的遮掩和保护作用，又有特殊的装饰效果，改变了过去“一灰、二白、三涂料”的单调装饰手法。壁纸是以纸为基材，以聚氯乙烯塑料、纤维等为面层，经压延或涂布、印刷、轧花或发泡而制成的一种墙体装饰材料。壁纸的品种繁多、装饰图案和色泽多种多样，通过现代技术工艺经压花、印花和发泡处理，能生产出具有特殊质感与纹理的卷材（图 8-80）。常用的壁纸（长 × 宽）为 10m × 0.52m。目前，市场上壁纸的种类主要有以下几种。

图8-80　弧形墙面采用肌理墙纸增添了空间的艺术表现力

（1）塑料壁纸

塑料壁纸是目前发展最迅速、应用最广泛的壁纸，约占壁纸产量的 80%。塑料壁纸通常分为普通壁纸、发泡壁纸、特种壁纸等。每一类塑料壁纸又分为若干品种，每一品种再分为各式各样的花色。

① 普通壁纸。普通壁纸以纸作基材，涂塑聚氯乙烯糊，经印花、压花而成。这类壁纸的花色品种多，适用面广，价格也低。

② 发泡壁纸。发泡壁纸以纸作基材，涂塑掺有发泡剂的 PVC 糊状树脂，印花后再发泡而成。发泡壁纸的表面呈富有弹性的凹凸状，比普通壁纸显得厚实、松软。高发泡壁纸的发泡倍数大，是一种装饰兼吸音的多功能墙纸，常用于歌剧院、会议室的室内装饰。

③ 特种壁纸。特种壁纸包括耐水壁纸、阻燃壁纸、彩砂壁纸等多个品种。彩砂壁纸是在基材上涂黏合剂，再散布彩色砂粒，使表面呈砂粘毛面，可用于门厅、柱头、走廊等部位装饰。

（2）织物壁纸

织物壁纸是壁纸中较高档的品种，主要是用丝、毛、棉、麻等纤维为原料织成，具有色泽高雅、质地柔和的特性。织物壁纸分为锦缎壁纸、棉纺壁纸、化纤装饰壁纸。

（3）天然材料壁纸

天然材料壁纸是用草、麻、木、树叶、草席制成的，也有用珍贵树种木材切成藻片制成，其特点是风格淳朴自然，富有浓厚的生活气息，在当今返璞归真的潮流下很受人们的青睐。

（4）金属壁纸

金属壁纸是将金、银、铜、锡、铝等金属经特殊处理后，制成薄片贴饰于壁纸表面，其特点是表面经过灯光的折射会产生金碧辉煌的效果，较为耐用。这种壁纸构成的线条颇为粗犷奔放，适当地加以点缀就能不露痕迹地带出一种时尚的效果。

2）施工工艺

（1）墙面基层应平整、光滑、干燥、坚实，无凹凸、污垢及剥落等不良状况。

（2）以墙面的面积为基础计算后再裁减壁纸，壁纸的长度一定要比墙面上、下多预留 5cm，以备修边用。对花壁纸则需要考虑图案的对称性，故裁剪长度要依据图案重复的单元长度适当增加，两幅间尺寸按重叠 2cm 计算。

（3）将黏合剂涂刷在壁纸的背面和墙面上，当黏合剂完全渗透壁纸后即可张贴，每次可涂刷数张壁纸，依顺序张贴。

（4）用准心锤在离开墙面内角 50cm 处找准基准线，依基准线由上至下张贴第一幅壁纸。

（5）用刮板由上至下、由中间向四周轻轻刮平壁纸，挤出气泡与多余的黏合剂，以免壁纸日后发黄，然后再将下一幅壁纸重叠 2cm 贴上。

（6）最后用湿毛巾将拼缝处的多余粘贴剂擦净即可。

8. 软包饰面

1）材料特点

软包饰面是现代室内墙面装饰的常见做法。软包饰面的面料主要使用轧花织物或人造革，其手感柔软，艺术性强；软包饰面的填充层主要使用轻质不燃多孔材料，如玻璃棉、岩棉、自熄型泡沫塑料等。软包饰面不但高雅舒适，令人感觉温馨平和，而且吸音、隔热效果很好（图 8-81 和图 8-82），适用于有吸音要求的会议厅、会议室、多功能厅、娱乐厅、住宅起居室、儿童房等。

图8-81　前台背景墙的软包装饰

图8-82　会客区的软包墙面

2）施工工艺

（1）成卷铺装法（图 8-83）

① 基层处理。墙面基层应平整、光滑、干燥、坚实，同时需做防潮处理。

② 弹线定位。通常按木龙骨的分档尺寸在墙体表面弹出分格线，并在分格线上钻孔，在孔内打入防腐木楔，为安装木骨架做准备。

③ 木龙骨固定。将 50mm × 50mm 的木龙骨双向设置与木楔用圆钉固定，要钉平、钉牢，各木龙骨的间距为 400 ～ 600mm。

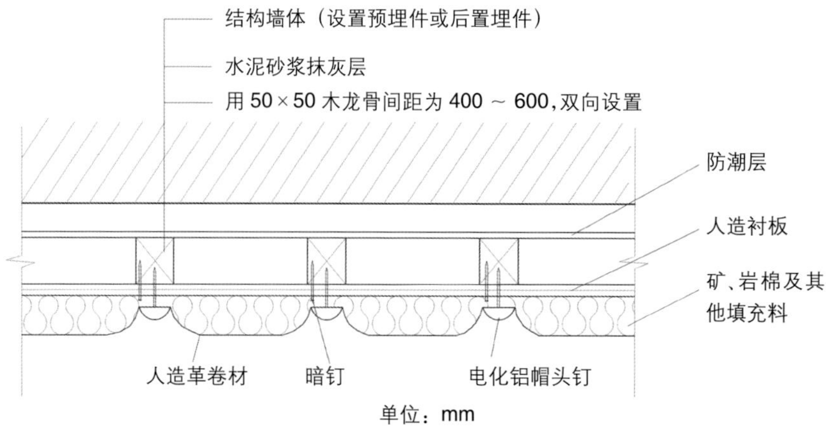

图8-83　软包成卷铺设固定结构图

④ 刷防火漆。在木龙骨骨架与人造衬板背面涂（刷）三遍防火漆，防火漆应把木质表面完全覆盖。

⑤ 衬板安装。人造衬板常采用胶合板或密度板，用圆钉将其固定在木龙骨骨架上。人造衬板的横向接缝应落在木龙骨的中心线上，不得使人造衬板的端边处于悬空状态。

⑥ 软包填充层。将软包面料的一端固定于人造衬板下，内置玻璃棉、岩棉等填充物，铺匀、压实。

⑦ 固定软包面层。将软包面料拉紧伸直后，四周用木线条固定。

⑧ 帽头钉固定。按设计要求，安装帽头钉，钉子要固定在木龙骨骨架上。

（2）分块固定法（图 8-84）

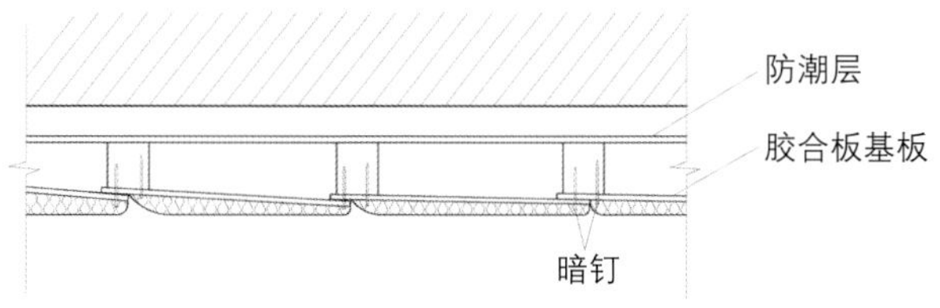

图8-84　软包分块固定结构图

① 基层处理。墙面基层应平整、光滑、干燥、坚实，同时需做防潮处理。

② 弹线定位。通常按木龙骨的分档尺寸在墙体表面弹出分格线，并在分格线上钻孔，在孔内打入防腐木楔，为安装木龙骨骨架做准备。

③ 木龙骨固定。将 50mm × 50mm 木龙骨双向设置与木楔用圆钉固定，要钉平、钉牢，木龙骨间距要考虑分块人造衬板的大小。

④ 刷防火漆。在木龙骨骨架与人造衬板的背面涂（刷）三遍防火漆，防火漆应把木质表面完全覆盖。

⑤ 划块裁切。将软包面料和人造衬板按设计要求划块、裁切。软包面料剪裁时必须大于人造衬板的尺寸，并在人造衬板两端各留下 20 ~ 30mm 的料头。

⑥ 安装第一块人造衬板。用人造衬板压住面料，压边为 20 ~ 30mm，用圆钉钉于木龙骨上，然后在人造衬板和面料之间填入衬垫材料进而包覆固定。

⑦ 固定第一块人造衬板。人造衬板的另一端直接钉于木龙骨上。

⑧ 安装第二块人造衬板。第二块人造衬板包覆第二块面料，压在第一块人造衬板和面料上，用圆钉一起钉于木龙骨上，然后在人造衬板和面料之间填入衬垫材料进而包覆固定。

⑨ 以此类推完成整个软包装饰面，软包四周用收边条固定。

8.2.3　吊顶装饰工程

吊顶是固定在建筑楼板下的结构层，是照明、空调等设备布置的附着界面，也是室内空间六面体中最富变化的装饰界面。吊顶的造型丰富，是体现设计风格、营造环境气氛的重要手段，所以吊顶的设计不但要注重实用性和安全性，更要注重其艺术性。

办公空间的吊顶设计最关键的是，必须与空调、消防、照明等有关设施密切配合，并尽可能使吊顶上部各类管线协调配置，在空间高度和平面布置上应排列有序，例如，吊顶的高度与空调风管的高度以及消防喷淋管道直径的大小有关。为了便于安装与检修，吊顶还必须留有管道之间必要的间隙尺寸，同时，一些嵌入式的吸顶灯的灯座接口、灯泡大小以及反光灯罩的尺寸等也都与吊顶的具体高度的确定有直接关系。办公空间常用的轻钢龙骨吊顶，其龙骨和吊筋的布置方式与构造形式也需要与吊顶分块大小、安装方式等统一考虑。有消防喷淋设施的办公空间，还需经过水压测试后才可安装吊顶面板。

1．吊顶的设计要求

吊顶的设计要满足以下要求。

（1）注意吊顶造型的轻快感

室内吊顶装饰设计应具有轻快感，上轻下重是室内空间构图稳定感的基础。所以吊顶的形式、色彩、质感、明暗等处理都应充分考虑该原则（特殊气氛要求的吊顶设计除外）。

（2）满足结构和安全要求

吊顶的装饰设计应保证装饰部分结构与构造处理的合理性和可靠性，以确保使用的安全，避免意外事故的发生。

（3）满足设备布置的要求

吊顶上各种设备布置集中，特别是大型公共空间的顶棚上，通风空调、消防系统、强弱电错综复杂，设计中必须综合考虑并妥善处理。同时，还应协调通风口、烟感器、自动喷淋器、扬声器与吊顶面的关系。

（4）满足装饰性要求

在设计中要把握吊顶的整体关系，做到与周围各界面在形式、风格、色彩、灯光、材质等方面的协调统一，将它们融为一体，形成特定的风格与效果。

2．常见的吊顶形式

办公空间的吊顶形式多种多样，按不同材料分，有胶合板吊顶、石膏板吊顶、金属板吊顶、玻璃天棚、织物吊顶等；按不同的承受载荷分，有上人吊顶和不上人吊顶。办公空间常见的吊顶艺术形式有以下三种。

（1）平整式吊顶

平整式吊顶（图 8-85）的特点是吊顶表面为一个较大的平面或曲面。一般用轻钢龙骨纸面石膏板（图 8-86）、矿棉吸音板、胶合板等材料做成平面或曲面形式的吊顶。有时，吊顶由若干个相对独立的平面或曲面拼合而成，并在拼接处布置灯具或通风口。

图8-85　接待区采用平整式吊顶

图8-86　纸面石膏板及其安装

平整式吊顶的构造简单，外观简洁大方，除适用于办公建筑内部的空间外，还适用于候车室、候机室、教室、展览厅、卧室等气氛明快、安全舒适或高度较小的空间。平整式吊顶的艺术感染力主要来自色彩、质感、风格以及灯具等各种设备的配置。

(2) 分层式吊顶

会议厅等空间的吊顶常采用暗灯槽，以取得柔和、均匀的光线。与这种照明方式相适应，顶棚可以做成几个高低不同的层次，即为分层式吊顶（图 8-87）。分层式吊顶的特点是简洁大方，与灯具、通风口的结合更自然（图 8-88）。在设计这种吊顶时，要特别注意不同层次间的高度差，以及每个层次的形状与空间的形状是否相协调。

图8-87 接待区的分层式吊顶中暗藏槽灯

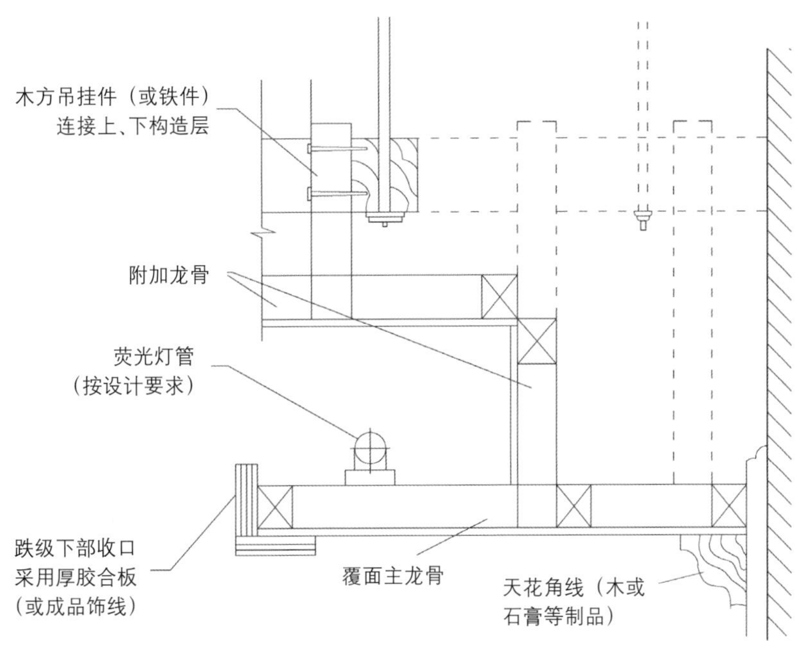

图8-88 分层式吊顶与灯具结合的构造示意图

(3) 悬挂式吊顶

在承重结构下面悬挂各种折板、格栅或饰物，就构成了悬浮吊顶（图 8-89），采用这种吊顶往往是为了满足声学、照面、艺术表现等方面的要求。

尽管吊顶的装饰装修形式、手法、工艺等千变万化，但就吊顶的分层构造来讲，吊顶一般由三部分组成，即吊杆或吊筋、龙骨及面层。龙骨是吊顶中承上启下的构件，上连接于吊杆，下为面层提供安装节点。龙骨分为木龙骨（木格栅）、型钢龙骨、轻钢龙骨和铝合金龙骨这几类。面层材料分为纸面石膏板、胶合板、矿棉板、铝（塑）扣板等这几类。

1. 铝合金龙骨矿棉装饰吸声板吊顶

1）材料特点

铝合金龙骨矿棉装饰吸声板吊顶是办公空间最常见的吊顶形式，其吸声效果较好，安装、拆卸都很方便。

(1) 铝合金龙骨

铝合金龙骨是新型吊顶骨架材料中应用较早的轻金属杆件型材，其龙骨断面为 T 形和 L 形，前者为

主龙骨、次龙骨、横撑龙骨等吊顶骨架型材，后者为吊顶边龙骨。铝合金龙骨的突出优点是质量轻，其型材制作和安装精度较高。

图8-89　左侧的悬挂式吊顶富有韵律感

（2）矿棉装饰吸声板

矿棉装饰吸声板简称为矿棉板，是以矿渣纤维为主要原料，加入适量的树脂、黏合剂、硅油等，经热压、固化成形的无机纤维吸声板材。此类板材具有质轻、防火、隔热保温及施工简单等优点。目前，矿棉板被广泛应用于办公空间的吊顶设计，与金属 T 形龙骨相配套，并与嵌装式灯具、消防喷淋、中央空调通风口相配合，成为一种十分普遍的吊顶装饰模式（图 8-90 和图 8-91）。

矿棉板主要分为压花板和平面板。按板块的棱边形式可分为普通直角边板、楔形边板和企口边板。板块的规格有方形和矩形，最常见的规格为 600mm × 600mm，厚度为 9 ～ 25mm。

2）施工工艺

（1）弹线、安装吊杆。在墙面上弹出吊顶水平标高线，在楼板底面弹出龙骨布置线和吊杆位置

图8-90　矿棉板吊顶一般配合格栅灯盘照明

图8-91　矿棉板吊顶的安装、拆卸都很方便

线。按吊挂间距，将吊杆与楼板预埋钢筋连接固定。

（2）安装主龙骨。将主龙骨按分档线位置固定在吊挂件上。

（3）安装次龙骨。将次龙骨通过吊挂件吊挂在大龙骨上，设计无要求时，一般间距为 600mm。

（4）安装横撑龙骨。将横撑龙骨通过吊挂件吊挂在次龙骨上。设计无要求时，横撑龙骨的一般间距在 600mm。

（5）安装矿棉装饰吸声板。矿棉装饰吸声板的安装有搁置式安装、企口板嵌装和复合及并粘贴安装三种（图 8-92）。

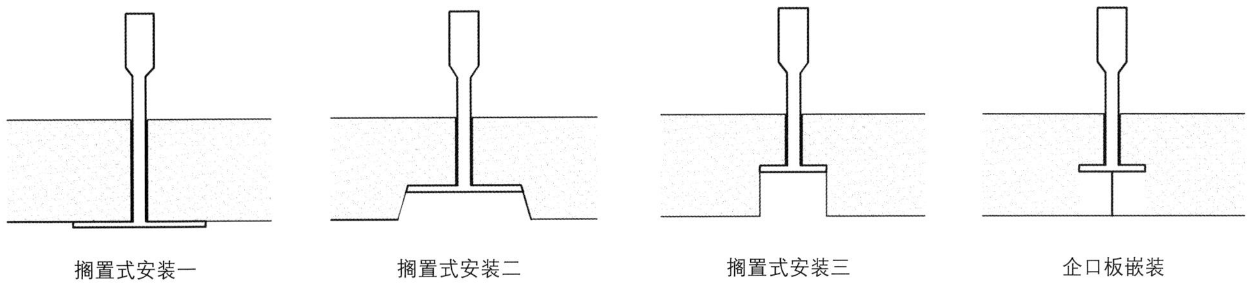

图8-92 T形铝合金龙骨吊顶与矿棉板的安装示意图

① 搁置式安装。将矿棉装饰吸声板搭装于 T 形龙骨组装的骨架框格内，吊顶龙骨明露。矿棉装饰吸声板安装时，应留有板材安装缝，每边缝隙不宜大于 1mm。

② 企口板嵌装。对于带企口棱边的矿棉装饰吸声板，可采用企口板嵌装的方法。将板块边缘的开槽部位与 T 形龙骨或插片处对接，可将龙骨隐藏，形成暗装式吊顶。也可采用暗转与明装相结合的安装方法，将板块的不开槽边平放于龙骨上，开槽边与龙骨嵌装。

③ 复合并粘贴安装。主要是指将矿棉装饰吸声板粘贴于纸面石膏板钉装的顶棚基面，分为复合平贴和复合插贴两种方式。

2. 轻钢龙骨纸面石膏板吊顶

1）材料特点

（1）轻钢龙骨

轻钢龙骨纸面石膏板吊顶是大型公共空间的主要吊顶方式。轻钢龙骨型材产品是以冷轧钢板、镀锌钢板或彩色喷塑钢板为原料，采用冷弯工艺生产的薄壁型钢，钢板的厚度为 0.5 ~ 1.5mm。轻钢龙骨具有自重轻、强度高、耐火抗震等优点。轻钢龙骨的断面常见的有 U 形、C 形和 L 形。U 形轻钢龙骨为承载龙骨，是吊顶龙骨骨架的主要受力构件；C 形轻钢龙骨为覆面龙骨，是吊顶龙骨骨架构造中固定罩面层的构件；L 形轻钢龙骨通常被用作吊顶边部固定饰面板的龙骨而称为边龙骨。

按承载龙骨的规格尺寸，吊顶轻钢龙骨主要分为 D38 系列、D45 系列、D50 系列和 D60 系列。

（2）纸面石膏板

纸面石膏板是以建筑石膏为主要原料，掺入适量添加剂与纤维作为板芯，以特制的纸板为护面压制而成的板材。纸面石膏板的品种很多，市面上常见的纸面石膏板有以下三种。

① 普通纸面石膏板。普通纸面石膏板是象牙白色板芯、灰色纸面，是最为经济与常见的品种，一般用于无特殊要求的场所。

② 耐水纸面石膏板。其板芯和护面纸均经过了防水处理，达到一定的防水要求。耐水纸面石膏板适用于卫生间、浴室等。

③ 耐火纸面石膏板。其板芯内增加了耐火材料和大量玻璃纤维，质量好的耐火纸面石膏板会选用耐火性能好的无碱玻纤。

纸面石膏板具有质轻、防潮阻燃、隔声隔热、收缩率小、不变形等特点。其加工性能良好，可锯、可刨、可粘贴，施工方便，常作为室内装修工程的吊顶、隔墙用材料（图 8-93）。

图8-93 纸面石膏板吊顶光洁平整

纸面石膏板的常用规格：长度有1800mm、2100mm、2400mm、2700mm、3000mm、3300mm和3600mm；宽度有900mm和1200mm；厚度有9.5mm、12mm、15mm、18mm和21mm。

2）施工工艺

（1）弹线。按吊顶平面图，在顶棚上弹出主龙骨的位置，主龙骨的最大间距为1000mm，并标出吊杆的固定点，吊杆的固定点间距为900～1000mm。

（2）固定吊杆。采用膨胀螺栓固定吊杆，上人吊杆不长于1m的采用ϕ8mm的吊筋，长于1m的采用ϕ10mm的吊筋。制作好的吊杆应做防锈处理。

（3）安装主龙骨。主龙骨吊挂在吊杆上，主龙骨应平行于房间长向安装，同时应起拱，主龙骨的悬臂段不应大于300mm，否则应增加吊杆。

（4）安装次龙骨。次龙骨应紧贴主龙骨安装，用T形镀锌连接件把次龙骨固定在主龙骨上。边龙骨的安装按设计要求弹线，用自攻螺丝固定在预埋的木砖上。

（5）安装纸面石膏板。纸面石膏板的两端接缝错开。就位后，再上自攻螺丝拧紧，自攻螺丝间距不得大于150mm。钉眼应作防锈处理并用石膏腻子抹平。

（6）纸面石膏板上根据设计要求可刮腻子做乳胶漆，也可裱糊壁纸墙布等。

3. 木龙骨胶合板罩面装饰吊顶

1）材料特点

木龙骨胶合板罩面装饰吊顶，广泛应用于较小规模且造型复杂多变的室内空间（图8-94～图8-97）。将木龙骨架安装完成后，即可用蚊钉枪打钉固定胶合板基层。普通的胶合板可作为进一步完成各种饰面的基面，如涂刷油漆涂料、裱糊壁纸墙布、贴覆薄木饰面板或饰面金属板、钉装或粘贴镜面玻璃等。

2）施工工艺

（1）木龙骨的安装（图8-98）

① 根据吊顶的设计标高在四周墙面上弹线。弹线应清楚，位置应准确，其水平方向允许偏差为±5mm。设计有边龙骨时，也应按要求弹线，将边龙骨固定在四周的墙上。

② 木龙骨吊点间距应按设计要求的尺寸确定，中间部分应起拱；木龙骨安装后应及时校正其位置和标高。

图8-94　某广告公司的吊顶设计先采用胶合板做造型，然后刮腻子做乳胶漆

图8-95　接待台上方的吊顶采用木龙骨胶合板制作

图8-96　吊顶造型用胶合板制作

图8-97　富有创意的吊顶造型

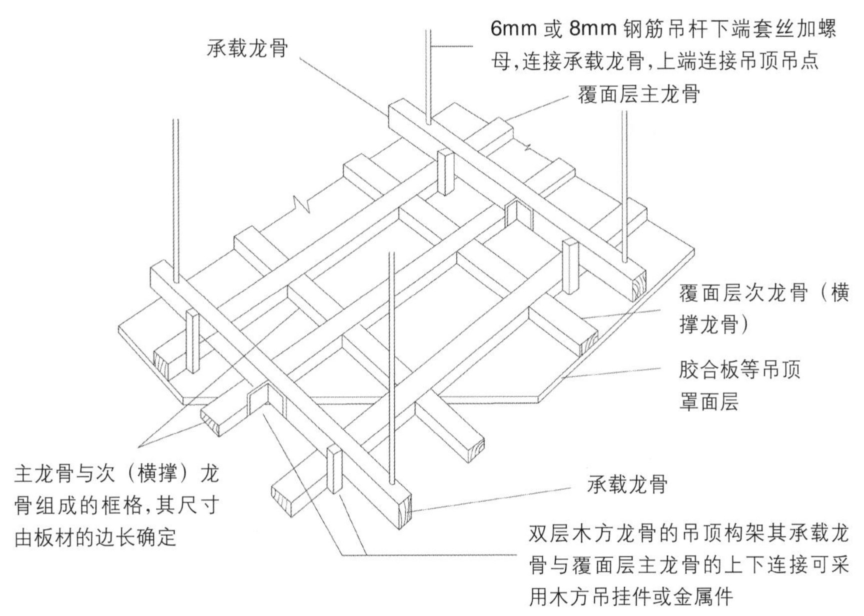

图8-98　木龙骨的安装及罩面吊顶示意图

③ 所有主、次龙骨以及按分级造型要求增设的附加龙骨等构件安装到位后,可进行全面地校正。

(2) 胶合板罩面

① 胶合板安装前,应根据设计规定分块弹线。对于整块罩面的吊顶,胶合板的安装宜由顶棚中间向两边对称排列,将裁割置于边缘部位。

② 需要安装的胶合板可采用 25 ~ 35mm 长的普通圆钢钉,或用气动打钉枪进行固定,钉眼用油性腻子抹平。用作后续工程为涂饰、裱糊等对于基面质量要求较高的胶合板罩面,其板材正面的周边宜采用细刨 2 ~ 3mm 宽度略做倒角处理,以利于嵌缝工序的施工。

③ 胶合板安装完毕后,可根据设计要求完成后续工程,或是刮腻子做乳胶漆,或是粘贴薄木饰面板,或是安装镜面玻璃,或是粘贴不锈钢板等(图 8-99 和图 8-100)。

4. 金属板材装饰吊顶

1）材料特点

金属板材装饰吊顶主要是指采用条形金属板、块形金属板以及格栅形板作为饰面层的吊顶(图 8-101 和图 8-102)。这种吊顶的形式新潮现代,造型丰富,经久耐用。条形金属板和块形金属板用的材料主要是铝合金材料。

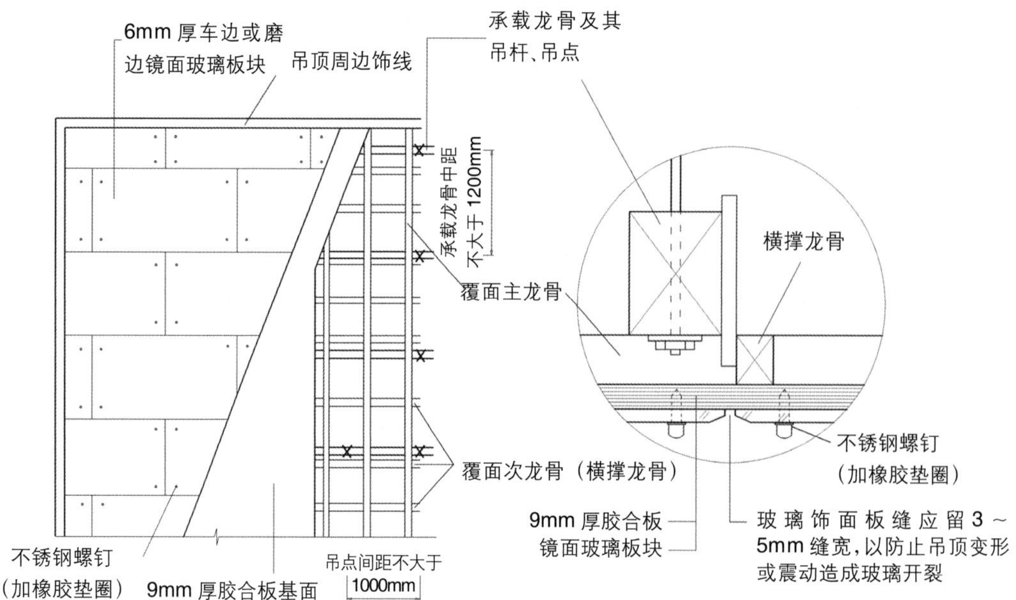

图8-99　木龙骨吊顶以胶合板作基面安装镜面玻璃构造图

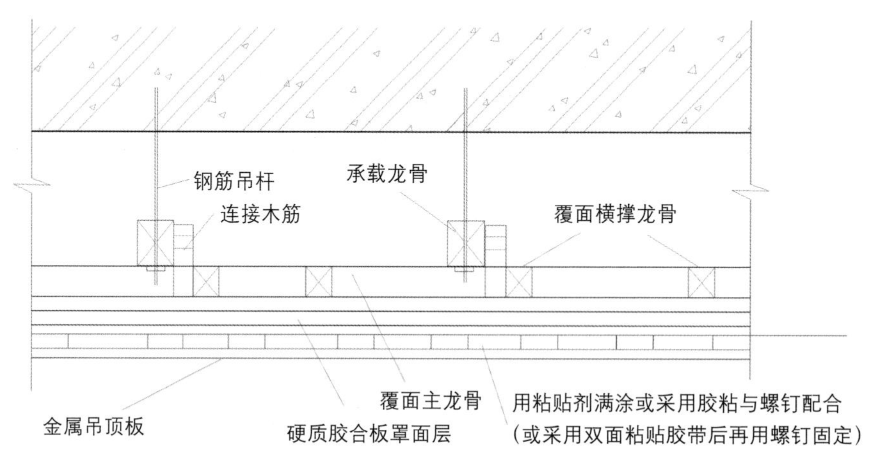

图8-100　木龙骨吊顶以胶合板作基面粘贴金属板材构造图

图8-101　吊顶为铝合金条扣

图8-102　吊顶为块形铝扣板

（1）块形金属吊顶板

块形金属吊顶板具有防火、防潮、耐腐蚀及饰面美观等优点，特别是具有拆装方便的突出特点，如需调换或清洁吊顶板时，可随时托起取下搁置式明装的板块或是嵌入式暗装的板块，然后将其安装复位。根据办公空间的静音要求，可在板块背面覆加一层吸音绵纸或黑色阻燃棉布等，能够达到一定的吸音效果。板块产品的常用规格（长 × 宽）有 300mm × 300mm、300mm × 600mm、600mm × 600mm、900mm × 900mm，厚度为 0.4 ~ 2.0mm。块形金属吊顶板可适用各种形式的覆面龙骨，常采用搁置式明装或嵌入式暗装的安装方式。

（2）条形金属吊顶板

条形金属吊顶板的成品板材长度为 1000 ~ 5800mm，宽度为 70 ~ 300mm，厚度为 0.5 ~ 1.2mm。为方便施工时板材接长，一般均配有条板接长连接件，有的系列产品同时备有板缝嵌条（或称镶条）。根据条形金属吊顶板的断面形式及安装后的饰面效果，条形金属板吊顶可分为开口式和封闭式。

（3）金属格栅形吊顶板

金属格栅形吊顶板是采用特制的金属空腹型板条（一般为 0.5mm 左右厚度的薄壁镀锌钢板或铝合金板加工制成，表面烤漆或静电喷涂等装饰处理）纵横交叉并进行单元组合而成的格栅式装饰吊顶，又称为方格栅吊顶（图 8-103）。常见的金属格栅形吊顶板的方格孔规格有 75mm × 75mm、90mm × 90mm、100mm × 100mm、120mm × 120mm、150mm × 150mm、200mm × 200mm、300mm × 300mm 等。

图8-103 办公区吊顶采用黑色金属格栅

2）施工工艺

（1）块形金属吊顶板的安装形式

① 固定式贴面吊顶。吊顶基层采用木龙骨外罩胶合板（一般用五夹板），然后在其表面粘贴金属吊顶板饰面，为确保牢固可靠，可同时配合使用螺钉。

② 搁置式明装吊顶。明装的金属吊顶板的板块四周带翼，可与 T 形轻钢龙骨或铝合金龙骨相配合，将板块平放搭装于 T 形龙骨的翼板上。搁置后的吊顶具有分格分明的装饰效果。

③ 嵌入式暗装吊顶。暗装金属天花板的板块折边不带翼，采用与板材相配套的特制具有夹簧效果的金属龙骨，可以使带折边的金属块形吊顶板很方便地嵌入固定。

（2）条形金属吊顶板的安装形式

① 固定式安装。固定式安装是指吊顶安装金属龙骨或木龙骨，其覆面层龙骨的设置与条形金属吊顶板的条形走向相垂直，用钉件将条板固定于龙骨上。龙骨为木方料时，采用木螺钉；龙骨为普通型钢时，采用螺栓；龙骨为薄壁型钢或铝合金型材时，可采用自攻螺钉。

② 活动式安装。活动式安装是指选用其配套的金属龙骨，将金属条板直接卡嵌于金属龙骨上。

8.3 办公空间的装饰工程预算

办公空间装修工程的施工图纸出来后，需要根据图纸的设计内容和现行定额标准做一个装饰工程预算，从而得出工程所需费用，也是我们常说的工程造价。装饰工程预算常常是甲乙双方都很关心的环节，在一定程度上还会影响到装修的方案设计。

装饰工程预算是具体计算装饰工程造价，确定所需人工、材料等消耗数量的经济技术文件。它是与业主签订工程合同、结算工程价款的重要依据，也是装饰企业组织工程收入、核算工程成本、确定经营盈利的主要依据。因此，装饰工程预算是对装饰工程造价进行正规管理、降低工程成本、提高经济效益的一个重要监控手段，它对保证施工企业的合理收益和确保装饰投资的合理开支起着很重要的作用。

根据装饰工程设计和施工进展阶段的不同，装饰工程预算可分为装饰工程的设计概算、施工图预算、施工预算和建筑装饰工程的竣工决算等。

本章重点介绍装饰工程施工图预算，装饰工程施工图预算又称为装饰工程预算。它是确定装饰工程造价、签订工程合同、办理工程款项和实行财务监督的依据。

8.3.1 装饰工程预算

1. 装饰工程预算的定义

装饰工程预算即装饰工程施工图预算，是指装饰工程在工程施工图纸设计完成的基础上，按工程程序要求，由编制单位根据施工图纸、地区装饰工程基础定额和地区装饰工程费用文件等所编制的一种单位装饰工程预算造价的文件。

2. 装饰工程预算的作用

(1) 它是确定建筑装饰工程造价、作为装饰工程招投标“标底”的主要依据。

(2) 它是对工程进行监理、实现财务监督的重要依据。

(3) 它是甲乙双方进行拨付工程价款、办理工程决算的基本依据。

(4) 它是施工单位进行施工准备、实行工程成本核算的基本文件。

3. 装饰工程预算的编制依据

(1) 全套装饰工程施工图纸，包括平、立、剖面图以及构配件标准图集等。这是计算项目预算和计算工程量的主要依据。

(2) 施工地区现行的装饰工程基础定额和涉及的有关设备安装工程基础定额等。它们是计算工程直接费和人工、材料使用量的基本依据。

(3) 施工地区现行的装饰工程费用定额或装饰工程收费标准。它是计算工程其他费用和工程造价的重要依据。

(4) 施工地区主管部门发布的近期工程材料信息价格表和有关价格调整文件。它是进行材料差价调整的基本依据。

(5) 工程合同协议书、施工组织设计或施工方案等文件，这是提供正确选择计算项目，完整表达甲乙双方对有关工程价值既定要求的基本依据。

8.3.2 装饰工程预算的编制步骤

1. 熟悉基础资料

基础资料包括上述五种预算的编制依据和其他有关的经济技术资料，要特别熟悉施工图纸的内容，领悟设计的意图。施工图是计算工程量、套用定额项目的主要依据。因此，要熟悉门窗、楼地面、墙柱面、吊顶等各部分的设计内容。如发现不明确的地方，应在图纸会审时提出并落实。

2. 计算工程量

在读懂图纸的基础上，先阅读定额的总说明，再按照定额的编排顺序，对照图纸的相关内容，阅读分部说明以及工程量的计算规则，然后选列项目在“工程量计算表”内计算工程量。表8-2为工程量计算表的格式。

表8-2 工程量计算表

定额编号	项目名称	轴线位置	单位	数量	计 算 式

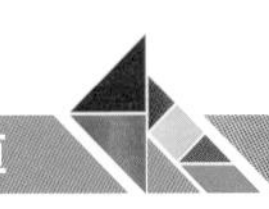

3. 套用定额基价表，计算工程直接费

将汇总整理后的工程量，按照定额项目编号所要求的计量单位，逐一与定额表中的基价、人工费、材料费和机械费等相乘求出，即为该项目的直接费。表 8-3 为工程预算表。

表 8-3　工程预算表

定额编号	项目名称	工程量		直接费		人工费		材料费		机械费	
		单位	数量	基价	元	单价	元	单价	元	单价	元

4. 按费用定额，计算工程造价

在全部工程项目直接费计算出来后，按照各省市主管部门所定的费用定额或取费标准中的计算程序计算各项取费，最后得出装饰工程的总造价。

5. 编制装饰工程预算书

编写工程预算书封面以及编制说明。将组成装饰工程预算书的相关内容按照一定的顺序装订成册后，送到有关部门审核。

8.3.3　装饰工程基础定额

1. 基础定额的定义

基础定额也称为预算定额，是指在正常施工技术组织条件下，以装饰工程的各个分项工程或结构构件为标定对象，确定完成规定计量单位合格产品所必须消耗的人工、材料和机械台班的数量标准。

基础定额是反映全国建筑装饰工程社会平均水平的定额。基础定额是统一全国建筑工程的预算工程量计算规则、项目划分和计量单位的依据；是编制各地区单位估价表、概算定额的基础文件；是统一建筑工程预结算的执行标准。

2. 基础定额的组成

基础定额的组成是由完成规定计量单位合格产品的人工定额、材料消耗定额和机械台班定额等组成，分别按不同的工程分项或结构构件综合列在一个固定格式的定额表内，再配以定额说明形成一个综合性版本。

3. 基础定额的作用

基础定额的实用面较大，其作用可归纳为以下几点。

(1) 它是编制地区单位估价表和概算定额的统一基础。

(2) 它是招标工程标底，投标工程报价的统一计算依据。

(3) 它是编制施工图预算，进行工程决算的基础文件。

(4) 它是施工企业进行经济活动分析，进行“两算”对比的重要依据。

4. 装饰工程基础定额地区统一基价表的编制

地区统一基价表是各省市主管部门根据《全国统一建筑工程基础定额》中每一个项目的综合工日、材料用量和机械台班等数量，结合施工地区的人工单价、材料取定价和机械台班单价等，进行计算而得出的相应项目的基价、人工费、材料费和机械费等的一种价值表。地区统一基价表是计算工程直接费的依据。

地区统一基价表实际上是一种地区统一预算定额，它是在基础定额的基础上，结合本地区具体情况，增加部分补充项目，再配以相应的四项价值而成。表 8-4 选自湖北统一基价表（2008 版），楼地面工程分项中，采用花岗岩地面施工的基价样表。

表 8-4 湖北统一基价表（2008 版）

工作内容：1. 清理基层、锯板磨边、贴花岗岩、擦缝、清理净面。

2. 调制水泥砂浆、刷素水泥浆。

定额编号				12—62	12—63	12—64	12—65	12—66
项目				花岗岩				
				水泥砂浆				
				楼地面	楼梯面	台阶面	零星装饰	踢脚板
				100m²				100m
基价 / 元				21123.70	30831.22	32947.06	25157.61	3230.56
其中	人工费 / 元			599.42	1564.14	1243.47	1423.52	157.48
	材料费 / 元			19311.70	27499.05	29813.80	22291.68	2887.73
	机械费 / 元			16.90	22.87	24.86	18.39	2.49
	综合费 / 元			1195.68	1745.16	1864.93	1424.02	182.86
名称		单位	单价	含量				
人工	综合工日	工日	24.80	24.17	63.07	50.14	57.40	6.35
材料	花岗岩板	m²	185.00	101.50	144.69	156.88	117.66	15.23
	水泥砂浆 1∶4	m³	136.34	3.03	4.14	4.48	3.36	—
	水泥浆	m³	406.16	0.10	0.14	0.15	0.11	—
	水泥砂浆 1∶1	m³	246.51	—	—	—	—	0.08
	水泥砂浆 1∶3	m³	163.64	—	—	—	—	0.23
	水泥 107 胶浆	m³	447.12	—	—	—	—	0.02
	白水泥	kg	0.06	10.00	14.00	15.00	11.00	4.00
	锯木屑	m³	3.93	0.60	0.82	0.90	0.67	0.09
	麻袋	m²	2.94	22.00	30.03	32.56	—	—
	棉纱头	kg	4.48	1.00	1.37	1.48	2.00	0.15
	水	m³	1.00	2.60	3.55	3.85	2.89	0.40
机械	灰浆搅拌机 200L	台班	49.71	0.34	0.46	0.50	0.37	0.05

8.3.4　装饰工程量计算

1. 工程量的定义

工程量是以物理计量单位或自然计量单位表示的各分项工程或建筑配件的实物量。物理计量单位是以分项工程或建筑配件的物理属性为单位的计量单位，如墙、柱面工程和门窗工程等，其计量单位为 m^2；窗帘盒、木压条、楼梯扶手和栏杆工程等，则以延长米为计量单位。自然计量单位是以物体自然实体为单位的计量单位，如灯具安装、送风口安装等工程，其计量单位分别为套、组、个等。工程量是编制工程预测的原始数据，是计算工程定额的直接费用，确定工程造价的重要依据，能否及时、正确地完成工程量的计算工作，直接影响着预算编制的质量和进度。

2. 工程量的计算方法

工程量的计算是一项烦琐而又细致的工作，工作量比较大，一般装饰工程量的计算工作量占整个装饰工程预算编制工作量的 50% 左右。因此，及时准确地计算工程量，不仅能准确确定工程造价，而且对快速编制装饰工程预算有重要的意义。为准确计算工程量，一般把一项装饰工程的工程量分为以下几部分进行计算。

（1）楼地面工程。

（2）墙、柱面工程。

（3）天棚工程。

（4）门窗工程。

（5）油漆、涂料及裱糊工程。

（6）零星装饰工程。

（7）脚手架工程。

在装饰工程定额基价表中对每一分项的计算方法和计算规则做了详细的要求，因此，在编制工程量计算表时应先阅读定额分项的总说明，作为工程量计算的依据。

3. 装饰工程量计算应注意事项

工程量计算是根据设计施工图纸所确定的各分项工程的尺寸、数量以及设备、配件、门窗等明细表和预算定额中各部分工程量计算规则进行计算的。在计算过程中，要注意以下几个方面。

（1）认真熟悉施工图纸，严格按照工程量计算规则进行计算，不得有意加大或缩小各部位的尺寸。

（2）为了便于检查核对，避免重算或漏算，在工程量计算时，一定要注明层次、部位、轴线号等。

（3）工程量计算式中的数字应按一定的顺序排列，以便校核。如面积为长 × 宽（高），体积为长 × 宽 × 高（厚）。

（4）计算的精确度一般保留三位小数，工程量汇总时可保留一位小数。

（5）计算单位必须同定额计量单位一致。

（6）工程量的复核。

工程量的计算对于该工程的定额直接费的影响很大，因为它是作为一个可变乘数而存在的，因此对于工程量的复核非常必要。工程量的计算要注意两个方面：一是针对某些单项的施工工艺，工程量的计算要乘以一定的系数，系数的参考值要以基价表的要求为准；二是如果按照施工工艺顺序分步计算的方式计算分项工程量，通常会出现大量的重复计算，因此，应通过审核，将重复工程量剔除，力求做到无重项。

8.3.5　装饰工程造价的计算方法

工程造价是指某一单位工程按设计施工图纸和现行定额标准所计算出来的工程费用。一项办公空间装饰工程，其工程总造价由装饰工程直接费、间接费、计划利润和税金四部分组成。

1. 直接费

直接费是指在装饰施工场地发生，与装饰工程施工生产直接有关且有助于装饰施工完成的各项费用。它属于生产性费用，按现行规定包括定额直接费、其他直接费、临时设施费、现场管理费、材料价差和预算包干费。

2. 间接费

间接费是指装饰施工企业为组织和管理装饰工

程施工所必须发生的各项经营管理资金筹措与行政管理等所需费用数额的标准。它包括施工管理费、临时设施费和劳动保险费。

3. 计划利润

计划利润是指按国家现行规定应计入装饰工程造价的企业所得利润中。一般应根据装饰工程的不同投资来源或工程类别，实行在计划利润基础上的差别利率。

4. 税金

税金是指国家税法规定的应计入装饰工程造价内的营业税、城市维护建设税、教育费附加和地方教育费附加共四项税种。

为了更清楚地了解装饰工程造价的组成，即工程造价的计算方法，以表 8-5 来说明其基本内容和计算方法。

对于表 8-5 需要说明的是“主要材料差价”一项。我国装修材料市场日新月异，材料种类繁多，新材料层出不穷，虽然绝大多数装修材料已执行市场价格，但国家编制的定额不可能收纳所有的材料种类和材料价格。因此，装饰单位在按国家统一的工程定额价格编制预算后，再按实际的市场材料价格做必要的价格调整，是合理的，也是必要的。

同样的道理，在人工费部分，来自不同地区的工人工资标准是不一样的，因此也要按材料价差的计算原理计算。

表 8-5　室内装饰工程造价计算程序表

序号	费用项目名称		计 算 方 法
1	直接费	定额基价	施工图工程量 × 定额基价
2		人工费	定额工日 × 人工单价
3		构件增值税	构件制作定额直接费 × 税率
4		其他直接费	(1 + 3) × 费率
5		施工图预算包干费	(1 + 3) × 费率
6		施工配合费	外包工程定额基价 × 费率
7		主要材料差价	主材用量 ×（市场价格 − 预算价格）
8		辅助材料差价	1 × 费率
9		人工费调整	按规定计算
10		机械费调整	按规定计算
11	间接费	施工管理费	(1 + 3) × 费率
12		临时设施费	(1 + 3) × 费率
13		劳动保险费	(1 + 3) × 费率
14	直接费与间接费之和		1 + 3 + 4 + 5 + 6 + 7 + 8 + 9 + 10 + 11 + 12 + 13
15	计划利润		14 × 费率
16	税金		(14 + 15) × 税率
17	含税工程造价		14 + 15 + 16

注：费率的计算要根据各省制定的有关费率标准；税金的标准要按工程所在地区的税率计算。

思考题

1. 装饰材料的组织设计原则有哪些？
2. 办公空间楼地面装饰工程有哪些常用的装饰材料?
3. 软包墙面的成卷铺装法的构造要点是什么?
4. 装饰工程量计算应注意哪些事项？
5. 一项办公空间装饰工程，其工程总造价由哪几部分组成？

参 考 文 献

[1] 巴克 . 美国设计大师经典教程——办公空间设计 [M]. 董治年，等译 . 北京：中国青年出版社，2015.

[2] 众为国际 . 办公空间设计 [M]. 北京：机械工业出版社，2013.

[3] Kenny Kinugasa-Tsui. 办公室照明 [M]. 贺艳飞，译 . 桂林：广西师范大学出版社，2018.

[4] 姚梦明，陆燕 . 办公室照明 [M]. 上海：复旦大学出版社，2005.

[5] 李梦玲 . 室内设计基础 [M]. 武汉：湖北美术出版社，2010.

[6] 张绮曼，郑曙阳 . 室内设计资料集 [M]. 北京：中国建筑工业出版社，1996.

[7] 唯美传媒 . 最新办公空间设计 [M]. 北京：中国水利水电出版社，2012.

[8] 世界建筑导报社筑语传播图书工作室 . 当代个性办公空间 [M]. 天津：天津大学出版社，2005.

[9] 马修 · 德里斯科尔 . 办公空间创意设计 [M]. 常文心，译 . 沈阳：辽宁科学技术出版社，2016.

[10] 罗杰 · 易 . 世界建筑空间设计（办公室间 7）[M]. 程素荣，译 . 北京：中国建筑工业出版社，2007.

[11] 本书编委会 . 顶级办公空间设计 [M]. 北京：中国林业出版社，2014.